DEUTSCHE MARINE-ARTILLERIE

SCHIFFS- UND KÜSTENARTILLERIE BIS 1945

Hans Karr

Motor buch Verlag

Einbandgestaltung: Luis dos Santos

Bildnachweis: Die Einzelnachweise zu den Bildern sind jeweils bei den Bildunterschriften vermerkt. Die mit Bundesarchiv gekennzeichneten Bilder wurden im Internet bei commons,wikimedia.org unter der Lizenz CC-BY-SA 3.0 veröffentlicht. Für die Überlassung von Bildern aus ihren Archiven geht Dank an die Werft Blohm+Voss (B+V), an den Deutschen Marinebund (DMB), an die Bibliothek für Zeitgeschichte (BfZG) und an Henn Werner Globke.
Der Leser möge die Bildqualität einiger Abbildungen entschuldigen. Sie ist dem altersbedingten Zustand der Bildvorlagen geschuldet. Bei einigen Fotos konnten die Inhaber der Bildrechte nicht eindeutig ermittelt werden. Verlag und Autor bitten um Kontaktaufnahme.

ISBN 978-3-613-04455-5

1. Auflage 2022

Sie finden uns im Internet unter www.motorbuch-verlag.de

Lektorat: Joachim Köster
Innengestaltung: WS – WerbeService Linke, 76185 Karlsruhe
Druck und Bindung: Printed by GPS
in Bosnia-Herzegovina

Inhalt

Einsatz der schweren Artillerie auf dem Linienschiff »Thüringen«. (Foto: Sammlung Globke)

Einleitung

In den Seegefechten der Antike war der Nahkampf das einzig mögliche taktische Vorgehen und das gleich in zweierlei Hinsicht. Zum einen Schiff gegen Schiff und zum anderen dann anschließend Mann gegen Mann.
Zunächst versuchte man mit den als Kriegsschiffen zur Verfügung stehenden und durch mehrere Reihen von Riemen durch Muskelkraft angetriebenen Galeeren den Gegner durch Rammen zu versenken. Eigens dafür am Bug angebrachte Rammsporne waren das schiffbauliche Markenzeichen dieser schlank gebauten, für damalige Verhältnisse schnellen und wendigen Schiffe. Kurz vor dem Zusammenprall kamen Bogenschützen sowie Schleudermaschinen mit

Modellaufnahme eines griechischen Ruderkriegsschiffes (Triere). (Foto: Autor)

Modellaufnahme des Buges eines römischen Ruderkriegsschiffes (Trireme). (Foto: Autor)

Modellaufnahme des Buges einer französischen Galeere aus dem 17. Jahrhundert. Zu erkennen sind der Rammsporn und die bereits vorhandene Geschützausrüstung mit fest installierten Rohren am Bug. (Foto: Autor)

Steinen oder Brandsätzen als die einzig verfügbaren »weit reichenden« Waffen zum Einsatz.
Kam bei dem Zusammenstoß der Kontrahenten kein Versenkungserfolg zustande, so bemühte man sich mit Wurfankern die Schiffe längsseits zu bekommen, um dann, wie vom Krieg an Land her gewohnt, im Nahkampf Mann gegen Mann die Entscheidung herbeizuführen. Auf den schwankenden Schiffsplanken und der räumlichen Enge allerdings kein leichtes Unterfangen.
Eine besondere Technik entwickelten daher die Römer im Ersten Punischen Krieg (264-241 v. Chr.). Als Landmacht waren sie ihrem Gegner, der Seemacht Karthago, an Seemannschaft weit unterlegen. Sie erfanden eine als Klappvorrichtung ausgelegte Enterbrücke (corvus), die im Bugbereich ihrer Schiffe angebracht war und nach dem Zusammenprall der Schiffe auf den Gegner übergeklappt wurde. Einmal ausgebracht hielt dieser corvus einerseits die beiden feindlichen Schiffe zusammen und andererseits konnten nun die römischen Legionäre auf einer nahezu festen und relativ breiten sowie ebenen Unterlage ihre überlegene und eingeübte Taktik aus dem Landkampf nahezu eins zu eins umsetzen und sie wirkungsvoll und erfolgreich anwenden. Eines der wenigen Beispiele in der Geschichte, wo eine Landmacht eine Seemacht besiegte.
Die Seekriege der damaligen Zeit waren also im Prinzip mit geruderten Schiffen auf See ausgetragene Landkämpfe. Die vorhandenen Segel der Galeeren dienten bei günstigem Wind mehr oder weniger als Hilfsantrieb für die Verlegungsfahrten. Da hinderlich, wurden sie vor den Kampfhandlungen abgenommen.
Dieser Zustand blieb über viele Jahrhunderte bestehen. Das letzte große Seegefecht, das noch auf diese Art mit Galeeren ausgetragen wurde, war 1571 im Ionischen Meer die Seeschlacht von Lepanto zwischen den christlichen Mittelmeermächten, der Heiligen Liga, und dem Osmanischen Reich. Allerdings kamen hier auch schon Geschütze zum Einsatz. Sie waren im Bug der Schiffe fest installiert. Gezielt wurde, indem man die gesamte Galeere nach dem Gegner ausrichtete und so das Ziel anvisierte.

Die Erfindung des Schwarzpulvers hatte im ausgehenden Mittelalter die Schiffsbewaffnung revolutioniert. Mitte des 14. Jahrhunderts war mit der Einführung von Geschützen ein wichtiger Meilenstein erreicht. Es waren sogenannte Kammerstücke. Diese Hinterlader bestanden aus einem durch geschmiedete Eisenringe verstärktem Rohr, das in einer Blocklafette gelagert war. Teilweise wurden aus ihnen noch Steinkugeln verschossen.

In den nächsten Jahrhunderten erfolgte eine kontinuierliche Weiterentwicklung der Schiffsgeschütze, die Anfang des 17. Jahrhunderts mit den Vorderlader-Glattrohrgeschützen weitestgehend abgeschlossen war. Einsatzzweck dieser frühen Schiffsartillerie war die Dezimierung der feindlichen Besatzung und die Zerstörung der Segeleinrichtungen, um im anschließenden Enterkampf das bewegungsunfähig geschossene gegnerische Schiff leichter in Besitz nehmen zu können.

Im 18. Jahrhundert kamen die ersten »schwimmenden Festungen« mit mehreren hundert Mann Besatzung zum Einsatz. Leistungsfähige Segeleinrichtungen waren mittlerweile Standard und machten diese Linienschiffe und Fregatten in fast allen Wetterlagen beweglich und manövrierfähig. Bis zu 120 als Vorderlader ausgelegte Kanonen waren auf ihnen vorhanden. Auf mehreren durchgehenden Batteriedecks verteilt, waren sie hinter Stückpforten an den beiden Schiffsseiten mit den schwersten Geschützen auf dem unteren Deck aufgestellt. Wie an Land waren die Rohre mit seitlichen Schildzapfen auf hölzernen Radlafetten gelagert. Die Bezeichnung bzw. Differenzierung der Geschütze erfolgte nach dem Kugelgewicht. Die abgefeuerten Breitseiten führten beim Gegner zu großen Personalverlusten, Zerstörung der Takelage und zu sonstigen schweren Schäden am Schiff, was dann in Folge zwangsläufig dazu führte, dass die Flagge gestrichen werden musste und damit das Gefecht entschieden war. Direkte Versenkungen durch Beschuss waren seltener der Fall.

Mitte des 19. Jahrhunderts verschwanden die hölzernen Kriegsschiffe allmählich aus dem Inventar der Flotten. Die beginnende Industrialisierung machte den Eisenschiffbau möglich. Zum Eigenschutz wurden Panzerungen eingeführt und nach und nach wurden die Segel als Vortriebsmittel durch immer zuverlässiger werdende Dampfmaschinen ersetzt. Die Fertigungstechnik bei den Geschützen und die Steigerung der Trefferwirkung bei deren Munition machte ebenfalls Fortschritte. Aus dem für lange Zeit im Gebrauch gewesenen Vorderlader mit glattem Rohr, aus dem eiserne Vollkugeln, Stangen- oder Kettenkugeln zur Zerstörung der Takelage, aber auch schon Kartätschen gegen die ungedeckten Besatzungen an Oberdeck verschossen wurden, entwickelte sich das moderne, als gezogener Hinterlader konstruierte Schiffsgeschütz mit Granatenmunition.

Bald änderte sich auch die Geschützanordnung und damit auch grundlegend das ganze Aussehen der Kriegsschiffe. Ohne Behinderung durch eine Takelage konnten der bisher üblichen Breitseitenaufstellung in über nahezu die gesamte Schiffslänge gehenden Batteriedecks drehbare Geschütz-

Sogenannte Kammerstücke waren die ersten an Bord verwendeten Geschütze. (Foto: Autor)

Kanonendeck auf einer englischen Fregatte um 1800. (Foto: Autor)

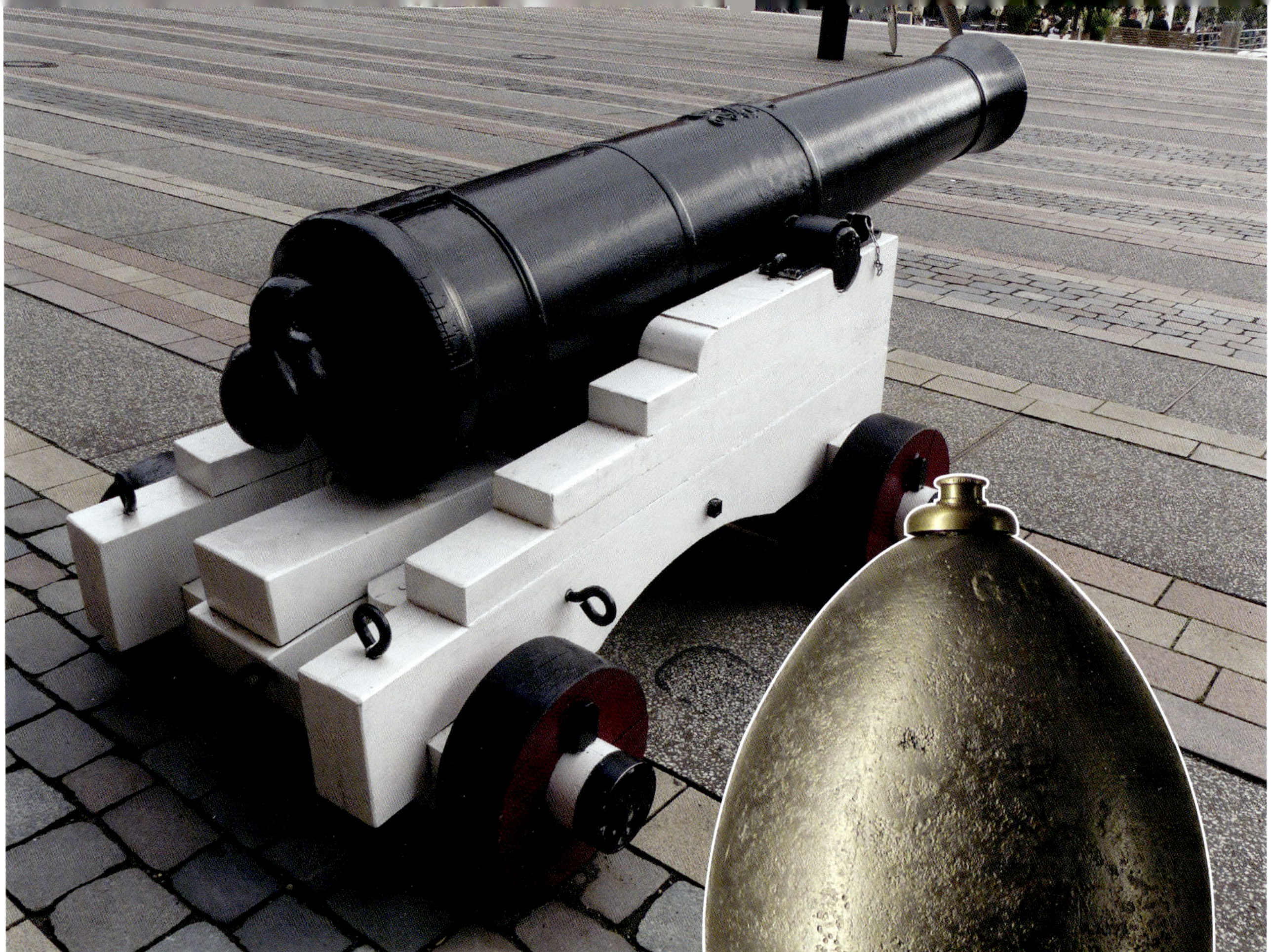

Oben: Ein englisches 24-Pfünder-Schiffsgeschütz aus der Zeit um 1800. (Foto: Autor)
Rechts: Eine 15-cm-Sprenggranate um 1870. (Foto: Autor)

türme folgen, die nach beiden Seiten einsetzbar waren. Es vollzog sich der Wechsel vom Batterie- zum Turmschiff.

In den 1890er Jahren war diese grundsätzliche Entwicklung in nahezu allen bedeutenden Marinen abgeschlossen. Als Hauptkampfschiff bildete sich zunächst ein als Panzerschiff und daraus entstehend ein als Linienschiff bezeichneter Schiffstyp heraus, der als schwere Artillerie Geschütztürme im Kaliber von 20 cm aufwärts trug. Diese sollten im Artilleriegefecht auf große Entfernungen zum Einsatz kommen. Für das Nahgefecht war eine in Seitentürmen eingerüstete mittlere Artillerie im Kaliber von 10 cm bis 20 cm vorhanden. Die mehr oder weniger große Anzahl an leichter Artillerie im Kaliber unter 10 cm diente im Wesentlichen dem Schutz vor gegnerischen Torpedobooten. Geschütze aus der Kategorie der mittleren und leichten Artillerie waren auch zugleich die Hauptbewaffnung von kleineren Einheiten wie zum Beispiel Kleinen Kreuzern, Torpedobooten, Minensuchbooten und U-Booten.

Die Dreiteilung der Artillerie lässt sich auch nach dem Zustand und der Art der verwendeten Munition unterscheiden. Bei der leichten Artillerie waren Geschoss und Treibladung noch zu einer Patrone vereinigt. Während Geschoss und Kartusche bei der mittleren Artillerie sich noch getrennt per Hand laden ließen, waren hierzu bei der schweren Artillerie spezielle hydraulische und elektrische Förder- und Ladeeinrichtungen notwendig.

Ein 26-cm-Kasemattgeschütz auf der 1875 in Dienst gestellten Panzerfregatte »Kaiser« der Kaiserlichen Marine. Ab 1897 wurde das Schiff als Großer Kreuzer klassifiziert. (Foto: Sammlung Globke)

Das 1896 in Dienst gestellte Küstenpanzerschiff »Aegir« hatte drei 24-cm-Drehtürme eingerüstet. Auf der Aufnahme ist der achtere Turm abgebildet. (Foto: Sammlung Globke)

Ein Linienschiff der Kaiserlichen Marine feuert mit der schweren Artillerie eine Breitseite nach Steuerbord. (Foto: Archiv Autor)

Sowohl beim Schiffbau wie auch bei der Geschützentwicklung versuchte man in den folgenden Jahren mit immer wieder verbesserter und leistungsfähiger Technik dem potenziellen Gegner ein Stück voraus zu sein. Es begannen der Wettlauf und das Wechselspiel zwischen Kaliber, Durchschlagskraft und Panzerschutz.
Nach dem Ersten Weltkrieg ging diese Entwicklung im Prinzip weiter. Das große Schlachtschiff wurde bei den Seemächten weiterhin als die »ultimo ratio« für die Kampfkraft ihrer Flotten angesehen. Es entstanden Schlachtschiffe mit sehr großen Geschützkalibern. Hielten sich die 38 cm der »Bismarck« und der »Tirpitz« in Deutschland noch im Rahmen und waren letztendlich eine Weiterentwicklung der 38-cm-Geschütze aus dem Ersten Weltkrieg, so war auf den geplanten Schlachtschiffen »H« und »J« bereits ein Kaliber von 40,6 cm vorgesehen. In Großbritannien war man diesbezüglich mit den Schlachtschiffen der »Nelson«- und »Lion«-Klasse vor dem Zweiten Weltkrieg schon soweit. Ebenso in den USA, wo dieses Kaliber auf mehreren Schiffsklassen (»North Carolina«, »South Dakota«, »Iowa«) zum Einbau kam. Die japanischen Schlachtschiffe »Yamato« und »Musashi« hatten sogar ein Kaliber von 46 cm eingerüstet. Für eine neue, nicht mehr realisierte Schlachtschiff-Klasse waren in Japan sogar 51 cm vorgesehen.
Die Seegefechte und der Verlauf des Seekrieges im Zweiten Weltkrieg zeigten aber auch, dass die Zeit der Schlachtschiffe und der großkalibrigen Geschütze vorbei war. Die schwere Artillerie tragenden Schiffsgiganten waren nicht mehr die dominierende Waffe des Seekrieges. Ihre Zeit war abgelaufen. Der Flugzeugträger hatte seinen Platz als kampfstärkstes Seekriegsmittel, mit dem jetzt die Seeschlachten entschieden wurden, eingenommen und die schweren Artillerieträger auf den zweiten Platz verwiesen. Hierzu nur ein einziges Beispiel: Die beiden japanischen Super-Schlachtschiffe »Yamato« und »Musashi« wurden von Flugzeugen versenkt.
Der amerikanische Admiral Chester W. Nimitz, während des Krieges Oberbefehlshaber auf dem pazifischen Kriegsschauplatz, wird oft mit einem Satz zitiert, den er 1945 gesagt haben soll: »Schlachtschiffe sind die Schiffe von gestern, Flugzeugträger sind die Schiffe von heute, aber die U-Boote werden die Schiffe von morgen sein.«
In der Tat: Das Flugzeug und das U-Boot hatten den Seekrieg revolutioniert. Die schweren Schiffsgeschütze als Garant für Seemacht hatten ausgedient. Lediglich in der Landzielbeschießung und dem Sturmreifschießen von Landungsabschnitten hatten sie im Pazifik noch ausgiebige Verwendung gefunden. Auch reaktivierten die Amerikaner für diese Zwecke während des Korea- und Vietnam-Krieges kurzzeitig eingemottete Schlachtschiffe der »Iowa«-Klasse. Der Ruf des US Marine Corps nach den »Big Guns« führte in den 1980er Jahren nochmals zu einer kurzen Indienststellungsphase der »Iowa«-Klasse, welche verbunden war mit einer Modernisierung, Einrüstung von Flugkörpern und angedachten, aber nicht mehr verwirklichten Umbauplänen für zukünftige Verwendungen. Aber das waren sozusagen Sonderfälle, die am Gesamturteil über das Ende der Schlachtschiffe und ihrer schweren Kaliber absolut nichts ändern.
In diesem Buch sollen die Schiffsgeschütze der Großkampfschiffe von der Kaiserlichen Marine ab der Jahrhundertwende sowie die Schiffsgeschütze der Reichs- und Kriegsmarine vorgestellt werden und nochmals Revue passieren. Ein weiteres Kapitel befasst sich mit deutschen Küstenbatterien im Zweiten Weltkrieg.

Die klassische Dreiteilung der Schiffsartillerie ist auf dieser Modellaufnahme des Linienschiffes »Schleswig-Holstein« zu erkennen. Rechts im Bild der 28-cm-Zwillingsturm (schwere Artillerie), links unten ein 17-cm-Geschütz (mittlere Artillerie) und links in der Mitte 8,8-cm-Geschütze (leichte Artillerie). (Foto: Autor)

Angesichts der zahlreichen Kaliber und Geschützmodelle und des begrenzt vorhandenen Platzes musste sowohl auf Vollzähligkeit wie auch auf eine detaillierte Beschreibung der technischen Einzelheiten von Geschützen und Munition verzichtetet werden. Aus gleichem Grund werden die Kaliber unter 8,8 cm nicht berücksichtigt.

Auch die Vielzahl der Küstenstellungen, die in den 2800 Kilometer von der spanisch-französischen Grenze bis hin zum Nordkap im Atlantikwall verteilt waren, machten Einschränkungen notwendig. Zu unterschiedlich und zu gemischt waren die hierfür genutzten meist älteren Marine-, Heeres- und Beutegeschütze. In der Literatur wird zum Beispiel für den Atlantikwall im Jahre 1943 ein Gesamtbestand von 496 Heeres- und 274 Marine-Küstenbatterien mit 1100 Rohrwaffen der Kaliber von 2 cm bis 40,6 cm angegeben. Daher werden nur wenige ausgewählte Beispiele von der schweren Küstenartillerie vorgestellt.

Zur Unterscheidung der verschiedenen Geschütze war in der Kaiserlichen Marine eine alphanumerische Bezeichnung, wie zum Beispiel 28 cm SK L/40, üblich. Aufgeschlüsselt beinhaltet dies die Angabe zum Kaliber (28 cm), die Geschützart (Schnellladekanone) und die Rohrlänge als Vielfaches des Kalibers (L/45). Bei der Reichs- und Kriegsmarine gebrauchte man eine leicht veränderte Kennzeichnung wie zum Beispiel 28 cm SK L/52 C28, wobei hier das C28 für das K(C)onstruktionsjahr 1928 steht.

Außerdem war es in deutschen Marinen Tradition die Geschütztürme von vorne nach achtern in alphabetischer Reihenfolge zu benennen (Turm A, Turm B, Turm C, Turm D). Ergänzend dazu war es in Anlehnung an das deutsche Sprechfunkalphabet auch üblich sie als Turm Anton, Turm Bruno, Turm Caesar und Turm Dora zu bezeichnen.

»Die Batterien der Marineartillerie erhielten zu Beginn ortsbezogene Namen, z.B. Batterie Fjell (nach dem Ort Fjell auf der Insel Sotra) oder Batterie Trondenes (nach der gleichnamigen Halbinsel nördlich Harstad). Später erfolgte sehr häufig die Namensgebung nach einer verdienstvollen Persönlichkeit. So erinnerte z. B. die Batterie Lindemann an

Ein 40,6-cm-Drillingsturm auf dem amerikanischen Schlachtschiff »Iowa«. (Foto: Autor)

den Kommandanten des untergegangenen Schlachtschiffes »Bismarck« und die Batterie Vara an den General der Marinefestungspioniere Vara, der im November 1941 beim Übersetzen nach Guernsey gefallen war.« (*)

(*) zitiert nach: Wittwer, Deutsche Schiffsartillerie an Land, Wölfersheim-Berstadt, 1997, Seite 9

Das in den 1980er Jahren reaktivierte und modernisierte amerikanische Schlachtschiff »Iowa« feuert mit seinen drei 40,6-cm-Drillingstürmen eine Breitseite. (Foto: US Navy)

Kaiserliche Marine

8,8-cm-Geschütze

Die 8,8-cm-Geschütze waren in großer Stückzahl auf allen Großkampfschiffen der Kaiserlichen Marine als leichte Artillerie hauptsächlich zur Abwehr von Torpedobooten eingerüstet. Vor allen Dingen nachts konnten diese schnellen aber artilleristisch nur schwach bewaffneten Torpedoträger, die sich im Feuerlee der eigenen Linienschiffe aufhielten, mit einem ausfallartigem Durchbruch durch die Linie zu einer ernsten Gefahr für die Großkampfschiffe werden. Ein Torpedotreffer im ungepanzerten Unterwasserschiff konnte fatale Folgen haben. Auf zahlreichen kleineren Einheiten, wie zum Beispiel auf den Torpedobooten selbst und auf Minensuchbooten, bildeten 8,8-cm-Geschütze in der Regel die Hauptbewaffnung. In modifizierter Version kamen sie auch auf U-Booten zur Einrüstung.

Das Geschützmodell 8,8 cm SK L/30 war auf den acht noch aus den 1890er Jahren stammenden Küstenpanzerschiffen der »Siegfried«-Klasse eingerüstet. Auch die Linienschiffe der nachfolgenden und ab 1893 nacheinander in Dienst stellenden »Brandenburg«-, »Kaiser Friedrich III«- und »Wittelsbach«-Klasse führten diese Schnellladekanonen ebenso wie die älteren Großen Kreuzer. Die Geschütze waren in Kasemattenanordnung und in den Aufbauten als Einzellafette mit Schutzschild aufgestellt. Die Seitenrichtbereiche waren je nach Anordnung unterschiedlich.

Auf den ab dem Jahr 1904 zulaufenden Linienschiffen der »Braunschweig«-Klasse und der zeitlich darauf folgenden »Deutschland«-Klasse sowie auf den neueren Großen Kreuzer kam das Modell 8,8 cm SK L/35 zum Einbau, das eine

Vier Geschütze 8,8 cm SK L/30 auf dem Küstenpanzerschiff »Aegir«. (Foto: Sammlung Globke)

Drei Geschütze 8,8 cm SK L/30 auf dem Küstenpanzerschiff »Beowulf«. (Foto: Sammlung Globke)

Bezeichnung	8,8 cm SK L/30	8,8 cm SK L/35	8,8 cm SK L/45
Kaliber (mm)	88	88	88
Rohrlänge (m)	L/30 / 2,64	L/35 / 3,08	L/45 / 3,96
Rohrgewicht (t)	1,63	2,04	2,50
Geschossgewicht (kg)	15,60	9,05	9,50
v_0 (m/sec)	670	770	890
Schussweite (km)	7,3	9,1	10,2
Kadenz (Sch/min)	10	10	10

rund 2000 m größere Schussweite aufwies. Die Aufstellung erfolgte auf beiden Linienschiffsklassen im Bug- und Heckbereich in Kasematten unter der Hauptdecksebene sowie in den Aufbauten als Einzellafette mit Schutzschild.

Die Geschütze 8,8 cm SK L/45 hatten nochmals eine größere Schussweite. Sie kamen ab 1909 auf den Linienschiffen der »Nassau«-Klasse und deren Folgebauten sowie auf den ebenfalls in diesem Zeitraum gebauten Schlachtkreuzern und dem Großen Kreuzer »Blücher« zur Einrüstung. Auch hier wieder im Bug- und Heckbereich unterhalb der Hauptdecksebene in Kasemattenaufstellung und in den Aufbauten als Einzellafette mit Schutzschild. Während des Krieges wurden auf den moderneren Einheiten teilweise 8,8-cm-Geschütze in der bisherigen Funktion ausgebaut. Dafür erfolgte eine neue Aufstellung zur Flugabwehr. Diese Geschützmodelle, auch als Ballonabwehrgeschütz bezeichnet, hatten eine Kadenz von 15 Schuss pro Minute und eine Schussweite von 11.800 m.

Ein Geschütz 8,8 cm SK L/30 in der U-Bootvariante. (Foto: Archiv DMB)

Das Bordgeschütz 8,8 cm SK L/30 des U-Bootes UB 19 ist heute in Bangor, Nordirland, aufgestellt. (Foto: Dale / CC-BY-SA 2.0)

Insgesamt 18 Geschütze 8,8 cm SK L/35 waren auf dem Linienschiff »Elsass« eingerüstet. Der ebenfalls auf dem Bild zu sehende Zwillingsturm der schweren Artillerie hatte ein Kaliber von 28 cm. (Foto: Sammlung Globke)

Im oberen Bildteil ein Geschütz 8,8 cm SK L/35 des Linienschiffes »Deutschland«. Rechts im Bild ein 17-cm-Geschütz und links oben weitere 8,8-cm-Geschütze. (Foto: Archiv DMB)

Heckaufnahme des Linienschiffes »Nassau« mit Geschützen 8,8 cm SKL/45. (Foto: Sammlung Globke)

Links: Bugaufnahme des 1907 in Dienst gestellten Großen Kreuzers »Scharnhorst« mit einem Geschütz 8,8 cm SK L/35. (Foto: Archiv B+V)

Rechte Seite oben: Auf diesem Bildausschnitt vom Linienschiff »Prinzregent Luitpold« sind oben zwei Geschütze 8,8 cm SK L/45 zu sehen. Das untere Geschütz ist vom Kaliber 15 cm. (Foto: Sammlung Globke)

Rechte Seite unten: Die Abbildung zeigt den Vorschiffsbereich des Linienschiffes »Deutschland«. Auf dem Brückenlaufsteg ist rechts Kaiser Wilhelm II zu sehen. Darunter in der Bildmitte zwei Geschütze 8,8 cm SK L/35. Hinter den an Oberdeck stehenden Soldaten ist ein 17-cm-Geschütz der mittleren Artillerie zu erkennen. Der vordere 28-cm-Turm ist rechts im Bild erkennbar. (Foto: BfZG)

Unten: Ein 8,8-cm-Geschütz in Schnee und Eis auf einem Minensuchboot. (Foto: Archiv DMB)

10,5-cm-Geschütze

Das Kaliber 10,5 cm wird je nach Quelle der leichten oder der mittleren Artillerie zugeordnet. Auf den vier Linienschiffen der »Brandenburg«-Klasse, die 1893 und 1894 in Dienst stellten, war das Geschütz 10,5 cm SK L/35 mit insgesamt sechs Geschützen in Kasemattenanordnung als Mittelartillerie vorhanden. Weiterhin war es als Hauptbewaffnung an Bord der älteren Kleinen Kreuzer. Auch beim Heer fand während des Ersten Weltkriegs das Geschütz auf Radlafetten Verwendung.

Auf den jüngeren Kleinen Kreuzern, die ab Ende der 1890er Jahre zuliefen, kam das Geschützmodell 10,5 cm SK L/40 zur Einrüstung. Geborgene Geschütze des Kleinen Kreuzers »Königsberg«, der ab Ende Oktober 1914 von britischen Seestreitkräften im Rufiji-Delta blockiert wurde und sich nach Beschuss im Juli 1915 selbst versenkte, kamen bei der Schutztruppe in Deutsch-Ostafrika unter General von Lettow-Vorbeck auf selbst gebauten Radlafetten im Landkampf zum Einsatz. Eines dieser Geschütze erhielt auch der im deutschen Kolonialgebiet auf dem Tanganjikasee fahrende Dampfer »Goetzen«, der als Hilfskriegsschiff mit der Schutztruppe zusammen operieren sollte. Das Schiff ist übrigens noch heute unter dem Namen »Liemba« auf dem Tanganjikasee als Passagier- und Frachtschiff unterwegs.

Die Neubauten an Kleinen Kreuzern unmittelbar vor und während des Ersten Weltkriegs erhielten das weiterentwickelte Geschütz 10,5 cm SK L/45 eingerüstet. Diese Waffe kam auch auf U-Booten ab etwa 1916 in Verwendung sowie auf einigen während des Krieges gebauter Klassen von Torpedobooten. Diese etwas stärkere Artillerie sollte es den Booten ermöglichen die feindliche Abwehr besser durchbrechen zu können.

Ein Geschütz 10,5 cm SK L/40 auf dem Kleinen Kreuzer »Bremen«. (Foto: Archiv Autor)

Rechte Seite: Ein Teil der Geschütze 10,5 cm SK L/35 auf dem Linienschiff »Weißenburg«. (Foto: Sammlung Globke)

Bezeichnung	10,5 cm SK L/35	10,5 cm SK L/40	10,5 cm SK L/45
Kaliber (mm)	105	105	105
Rohrlänge (m)	L/35 / 3,675	L/40 / 4,200	L/45 / 4,725
Rohrgewicht (t)	1,270	1,555	1,755
Geschossgewicht (kg)	17,40	16,00	16,00
v_0 (m/sec)	610	840	890
Schussweite (km)	10,8	12,2	12,7
Kadenz (Sch/min)	7–10	15	15

Ein geborgenes Geschütz 10,5 cm SK L/40 des Kleinen Kreuzers »Königsberg« im Einsatz bei den Schutztruppen in Deutsch-Ostafrika. (Foto: Dobbertin / Bundesarchiv)

Ein Geschütz 10,5 cm SK L/40 des Kleinen Kreuzers »Königsberg« wurde auf dem zum Hilfskriegsschiff ausgerüsteten Dampfer »Goetzen« als Bewaffnung eingebaut. Das Bild zeigt vermutlich ein Geschützexerzieren der Bedienungsmannschaften. (Foto: Archiv Autor)

Der im Gefecht bei den Cocos-Inseln zum Wrack geschossene und auf Strand gesetzte Kleine Kreuzer »Emden«. Zu sehen sind als Einzellafette mit Schutzschild die beiden vorderen Geschütze 10,5 cm SK L/40. (Foto: Archiv Autor)

Ein in Pretoria, Südafrika, ausgestelltes Geschütz 10,5 cm SK L/40 des Kleinen Kreuzers »Königsberg«. (Foto: Cvanrooyen / CC-BY-SA 3.0)

Ein Geschütz 10,5 cm SK L/40 des Kleinen Kreuzers »Emden« im Hyde Park von Sydney, Australien. (Foto: Bukvoed / CC-BY-SA 3.0)

Ein Geschütz 10,5 cm SK L/45 auf dem bei Blohm+Voss in Hamburg im Bau befindlichen Torpedoboot B 111. (Foto: Archiv B+V)

Geschützexerzieren auf einem Minensuchboot am Geschütz 10,5 cm SK L/45. (Foto: Archiv DMB)

Die U-Bootvariante des Geschützes 10,5 cm SK L/45. (Foto: Archiv Autor)

15-cm-Geschütze

Das Geschütz 15 cm SK L/40 war als mittlere Artillerie auf den Linienschiffen der »Kaiser Friedrich III«- und »Wittelsbach«-Klasse sowie auf den um die Jahrhundertwende gebauten und in Dienst gestellten Großen Kreuzern eingebaut. Die Aufstellung erfolgte sowohl in Türmen wie auch in Kasematten.

»In den Türmen befindet sich je ein Geschütz, und entsprechen dieselben ihrer Form nach annähernd den Türmen der großen Geschütze. Der obere Teil dreht sich auf Stahlkugeln, während der untere feste Teil sich allmählich nach unten verjüngend bis auf das Panzerdeck durchgeführt ist und gleichzeitig so den Munitionsschacht bildet; der zum Drehen erforderliche Antrieb wird durch elektrische oder hydraulische Maschinen gegeben.« (*)

Während des Krieges wurden sie auch auf den großen U-Booten eingerüstet. Des Weiteren kamen die Geschütze auch als Export nach Österreich-Ungarn und fanden auf einigen Schiffen der k.u.k. Kriegsmarine Verwendung. Auch das Heer nutzte aus Marinebeständen überzählige Geschütze in Radlafetten.

Ab den Linienschiffen der »Nassau«-Klasse kamen die Geschütze 15 cm SK L/45 in Gebrauch. Weiterhin wurde das Geschütz auf dem Großen Kreuzer »Blücher« und den ihm nachfolgenden Schlachtkreuzern eingerüstet. Für den bis zum Kriegsende nicht mehr fertiggestellten Schlachtkreuzer »Mackensen« und seinen geplanten Schwesterschiffen war das Geschütz ebenfalls vorgesehen.

Bezeichnung	15 cm SK L/40	15 cm SK L/45
Kaliber (mm)	150	150
Rohrlänge (m)	L/40 / 6,00	L/45 / 6,75
Rohrgewicht (t)	4,46	5,02
Geschossgewicht (kg)	46	46
v_0 (m/sec)	840	898
Schussweite (km)	13,7	16,8
Kadenz (Sch/min)	7	7

Ab Mitte des Krieges kamen Geschütze 15 cm SK L/45 auch auf den großen U-Booten und den großen Torpedobooten zur Einrüstung. Auf den Kanälen Frankreichs nutzte das Heer auf Prähmen aufgestellte 15-cm-Geschütze als Wechselstellungen sowie als Eisenbahngeschütze. In der Reichs- und Kriegsmarine fand das Geschützmodell erneute Verwendung auf dem ersten Kreuzerneubau »Emden« sowie als Artilleriebewaffnung auf den Hilfskreuzern.

(*) zitiert nach: Reventlow, Die deutsche Flotte – Ihre Entwicklung und Organisation, Zweibrücken, 1901, Seite 234

In Turm- und Kasemattenanordnung eingerüstete Geschütze 15 cm SK L/40 auf dem Großen Kreuzer »Friedrich Carl«. (Foto: Archiv B+V)

Eines der beiden auf U 155, dem früheren Handels-U-Boot »Deutschland«, nach dem Umbau eingerüsteten Geschütze 15 cm SK L/40. (Foto: Archiv Autor)

Zwei 30,5-cm-Zwillingstürme des Linienschiffes »Oldenburg«. Darunter zwei Geschütze 15 cm SK L/45. (Foto: Archiv DMB)

Das Bild zeigt oben einen 30,5-cm-Zwillingsturm des Linienschiffes »Ostfriesland« und darunter zwei Türme 15 cm SK L/45. (Foto: Archiv Autor)

Die Luftaufnahme des Linienschiffes »Baden« macht die Anordnung der schweren Artillerie (30,5 cm SK L/45) und der mittleren Artillerie (15 cm SK L/45) deutlich. (Foto: Sammlung Globke)

Ein Zwillingsturm 28 cm SK L/50 und ein Turm 15 cm SK L/45 des Schlachtkreuzers »Seydlitz«. (Foto: Archiv Autor)

Bei der Überführung des an Frankreich ausgelieferten U 118 brach im Sturm die Schlepptrosse. Das Boot wurde am 15. April 1919 am Strand von Hastings angetrieben und dann später vor Ort abgewrackt. Auf dem Boot war ein Geschütz 15 cm SK L/45 eingerüstet. (Foto: Archiv Autor)

Ein in Scapa Flow ausgestelltes Geschütz 15 cm SK L/45 des Minenkreuzers »Bremse«. Das Schiff war nach Kriegsende in Scapa Flow interniert und wurde dort selbst versenkt. (Foto: Mattok / CC-BY-SA 2.0)

In der Bildmitte zwei Geschütze 15 cm SK L/45 in Kasemattenaufstellung auf einem Linienschiff der »Nassau«-Klasse. (Foto: Archiv DMB)

Die auf der Hauptdecksebene aufgestellten Geschütze 15 cm SK L/45 des Schlachtkreuzers »Derfflinger«. (Foto: Archiv B+V)

17-cm-Geschütz

Bezeichnung	17 cm SK L/40
Kaliber (mm)	170
Rohrlänge (m)	L/40 / 6,8
Rohrgewicht (t)	10,75
Geschossgewicht (kg)	64
v_0 (m/sec)	850
Schussweite (km)	20,1
Kadenz (Sch/min)	5
Seitenrichtbereich (°)	150 (Türme), 127 (Kasematten)
Höhenrichtbereich (°)	-5 bis +30 (Türme), -5 bis +22 (Kasematten)

Das Kaliber 17 cm war bei der Kaiserlichen Marine nur auf den Linienschiffen der »Braunschweig«- und »Deutschland«-Klasse eingerüstet. Damit fand gegenüber den früheren Schiffen eine Erhöhung der mittleren Artillerie um 2 cm statt.
Auf der »Braunschweig«-Klasse waren die Geschütze 17 cm SK L/40 zu je sieben auf den Schiffsseiten aufgestellt; davon zwei in Turm- und fünf in Kasemattenanordnung. Die anschließend gebaute »Deutschland«-Klasse hatte auf beiden Seiten alle sieben Geschütze in Kassemattenanordnung. Warum dieser Rückschritt zu Ungunsten der Türme erfolgte, lässt sich aus der Fachliteratur nicht nachvollziehen.
Der Bestreichungswinkel der Kasemattengeschütze betrug 127°. Die Türme auf der »Braunschweig«-Klasse kamen auf 150°. Auf dieser Klasse waren die drei mittleren Kassemattengeschütze auch so konstruiert, dass sie in ihren Pivots zurückgefahren werden konnten, um nicht über die Schiffsbreite herauszuragen. Ein wichtiger Aspekt für die Passage der Schleusenanlagen des Nord-Ostsee-Kanals (damals Kaiser-Wilhelm-Kanal). Auf der »Deutschland«-Klasse waren die Kasematten wiederum so angelegt, dass die Geschützrohre nicht über die Bordwand ragten und damit bei gleicher Schiffsbreite von 22,20 m dieses Problem nicht auftrat.
Mit ihrer Schussweite von maximal 20.100 m überboten die Geschütze 17 cm SK L/40 die an Bord vorhandene schwere 28-cm-Artillerie, die lediglich auf 18.800 m kam. Damit eignete sich die mittlere Artillerie auch zum Kampf gegen Linienschiffe. Zwar konnten die Granaten nicht deren Panzerung durchschlagen, aber an Oberdeck und in den Aufbauten doch eine verheerende Wirkung erreichen, zumal sie auch noch eine höhere Kadenz als die 28-cm-Geschütze besaßen.

Auf dem Linienschiff »Preussen« der »Braunschweig«-Klasse waren auf jeder Seite sieben Geschütze 17 cm SK L/40 eingerüstet. Auf Höhe des ersten Schornsteins ist der vordere Turm und auf Höhe des hinteren Mastes der achtere Turm zu sehen. Die fünf Kasemattengeschütze waren ein Deck tiefer angeordnet. Man beachte den weiten Überstand der Rohrmündungen. (Foto: Sammlung Globke)

Die Backbordseite des Linienschiffes »Elsass« der »Braunschweig«-Klasse. Deutlich zu erkennen der vordere Geschützturm 17 cm SK L/40 und ein Deck tiefer die Kasemattengeschütze. (Foto: Sammlung Globke)

Das Linienschiff »Pommern« der »Deutschland«-Klasse. Hier war die Geschützaufstellung der mittleren Artillerie im Abschnitt zwischen dem vorderen Schornstein und dem achteren Mast auf zwei Decksebenen in Kasemattenanordnung erfolgt. (Foto: Sammlung Globke)

Auch das Bild des Linienschiffes »Deutschland« macht die Aufstellung der mittleren Artillerie deutlich. (Foto: Sammlung Globke)

Rechts im Bild sind unten zwei Geschütze 17 cm SK L/40 zu sehen. Im oberen Bildteil Geschütze 8,8 cm SK L/35. Die Aufnahme stammt vom Linienschiff »Deutschland«. (Foto: Archiv DMB)

Im Jahre 1916 kamen beim Heer aus Marinebeständen Geschütze 17 cm SK L/40 als Eisenbahngeschütze zum Einsatz und ein Jahr später auf Radlafetten auch als Feldartillerie. Mit den wenigen nach dem Krieg Deutschland belassenen Linienschiffen gingen 17-cm-Geschütze auch in den Bestand der Reichs- und Kriegsmarine über. Auf der »Schlesien« und der »Schleswig-Holstein« erfolgte noch im Zweiten Weltkrieg der Einsatz dieses Geschützes.

Unten zwei Geschütze 17 cm SK L/40 und oben ein Geschütz 8,8 cm SK L/35 auf dem Linienschiff »Deutschland«. (Foto: Archiv DMB)

Je ein Geschütz 17 cm SK L/40 in Turm- und Kasemattenaufstellung auf dem Linienschiff »Braunschweig«. Im oberen Bildteil sind drei 8,8-cm-Geschütze, davon das untere in Kasemattenaufstellung, zu erkennen. (Foto: BfZG)

21-cm-Geschütze

Auf den nach der Jahrhundertwende ab 1904 in Dienst gestellten Großen Kreuzern der Kaiserlichen Marine war als Hauptartillerie das Kaliber 21 cm eingerüstet. Hatten »Prinz Adalbert«, »Friedrich Carl«, »Roon« und »Yorck« noch vier Geschütze 21 cm SK L/40 in zwei Zwillingstürmen, je einer vorne und achtern, so kamen auf »Scharnhorst« und »Gneisenau« noch beidseitig je zwei Einzeltürme in Kasemattenanordnung im Bereich der Schornsteine hinzu. Die Rohranzahl erhöhte sich somit auf acht Rohre.

Die Türme waren unterschiedlich stark an der Front und an der Decke gepanzert. Hatten die ersten vier genannten Schiffe lediglich Stärken von 150 mm und 30 mm aufzuweisen, so waren bei »Scharnhorst« und »Gneisenau« eine Panzerung von 170 mm und 30 mm vorhanden.

Geschützrohre 21 cm SK L/40 fanden auch beim Heer unter der Bezeichnung 21 cm SK L/40 Peter Adalbert als Eisenbahngeschütze Verwendung im Landkrieg.

Der Große Kreuzer »Blücher«, als letzter gebaut und 1909 in Dienst gesellt, besaß insgesamt zwölf Geschütze 21 cm SK L/45 in sechs Zwillingstürmen. Diese waren vorne und achtern sowie paarweise vor und hinter dem zweiten Schornstein platziert. Die Front- und Deckenpanzerung der Türme betrug 180 mm und 80 mm.

Bezeichnung	21 cm SK L/40	21 cm SK L/45
Kaliber (mm)	210	210
Rohrlänge (m)	L/ 40 / 8,40	L/45 / 9,45
Rohrgewicht (t)	12,33	13,90
Geschossgewicht (kg)	125	125
v_0 (m/sec)	840	890
Schussweite (km)	16,3	19,1
Kadenz (Sch/min)	3	3
Höhenrichtbereich (°)	-5 bis +30	-5 bis +30

Die »Blücher« ging schon im Januar 1915 in der Schlacht bei der Doggerbank verloren. Eingelagerte Reserverohre kamen als 21 cm SK L/45 Peter Adalbert wiederum beim Heer als Eisenbahngeschütze zum Einsatz. Sie sollen in der Schlacht um Verdun eingesetzt worden sein.

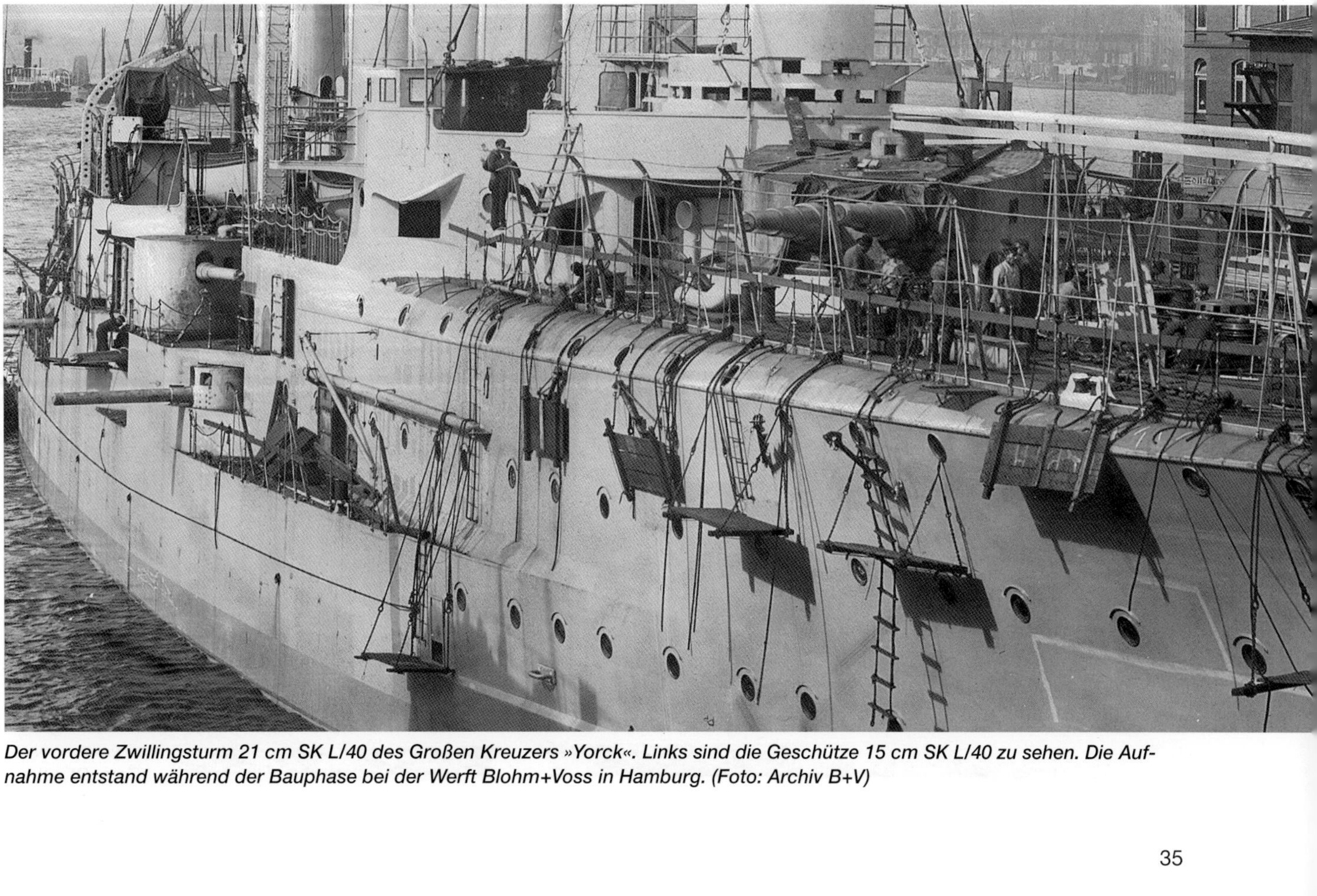

Der vordere Zwillingsturm 21 cm SK L/40 des Großen Kreuzers »Yorck«. Links sind die Geschütze 15 cm SK L/40 zu sehen. Die Aufnahme entstand während der Bauphase bei der Werft Blohm+Voss in Hamburg. (Foto: Archiv B+V)

Der vordere Zwillingsturm 21 cm SK L/40 des Großen Kreuzers »Scharnhorst«. (Foto: Archiv B+V)

Der achtere Zwillingsturm 21 cm SK L/40 des Großen Kreuzers »Scharnhorst«. (Foto: Archiv Autor)

Auf dieser Aufnahme des Großen Kreuzers »Scharnhorst« sind der vordere Zwillingsturm und neben den Schornsteinen der Backbord vordere Einzelturm gut zu erkennen. (Foto: Archiv B+V)

Eine Aufnahme des Großen Kreuzers »Blücher« von Backbord achtern. Links von den Schornsteinen einer der auf diesem Schiff eingerüsteten Zwillingstürme. (Foto: Archiv DMB)

Der Große Kreuzer »Blücher« hatte in sechs Zwillingstürmen insgesamt zwölf Geschütze 21 cm SK L/45 eingerüstet. Abgebildet sind zwei der vorderen Türme. Weiterhin ist in der Bildmitte ein Geschütz 8,8 cm SK L/45 zu sehen. In der Mitte links sind zwei weitere 8,8-cm-Geschütze abgebildet. (Foto: BfZG)

Lagerung und Transport von Granaten der schweren Artillerie (unbekanntes Kaliber). (Foto: BfZG)

24-cm-Geschütze

Mit der Mantelringkanone 24 cm MRK L/35, die auf den in der ersten Hälfte der 1890er Jahre in Dienst gestellten Küstenpanzerschiffen der »Siegfried«-Klasse mit drei Türmen eingerüstet war, kam erstmals eine Kugelbahn als Lafettendrehbahn zur Anwendung. Auch die leichte Panzerkuppel über dem ganzen Geschütz war eine Neuerung. Allerdings war der Turm nur im Handbetrieb zu bedienen.

Die Schnellladekanone 24 cm SK L/40 kam auf den ab 1898 in Dienst gestellten Linienschiffen der »Kaiser Friedrich III«- und »Wittelsbach«-Klasse sowie dem Großen Kreuzer »Fürst Bismarck« mit je zwei Zwillingstürmen zum Einsatz. Der etwas kleinere Große Kreuzer »Prinz Heinrich« war hingegen nur mit zwei Einzeltürmen bewaffnet.

Erstmalig hatten die Türme 24 cm SK L/40 ein elektrisches Schwenkwerk. Da die Netzspannung der Schiffe aber stark

Bezeichnung	24 cm MRK L/35	24 cm SK L/40
Kaliber (mm)	240	240
Rohrlänge (m)	L/35 / 8,4	L/40 / 9,6
Rohrgewicht (t)	22,00	20,04
Geschossgewicht (kg)	190	190
v_0 (m/sec)	580	840
Schussweite (km)	13,0	16,9
Kadenz (Sch/min)	1 bis 2	1 bis 2
Höhenrichtbereich (°)	-4 bis +25	-4 bis +30

Der vordere 24-cm-Zwillingsturm des Linienschiffes »Kaiser Karl der Grosse«. Darunter sind zwei Geschütze 15 cm SK L/40 zu sehen. (Foto: Archiv B+V)

Das Küstenpanzerschiff »Beowulf« passiert den Kaiser-Wilhelm-Kanal. Gut zu erkennen sind die beiden paarweise im Vorschiff angeordneten 24-cm-Geschütztürme. (Foto: Archiv DMB)

Der achtere 24-cm-Turm des Küstenpanzerschiffes »Aegir«. (Foto: Sammlung Globke)

Bugaufnahme des Linienschiffes »Kaiser Wilhelm II«. Neben dem 24-cm-Zwillingsturm sind Geschütze 15 cm SK L/40 zu sehen. (Foto: Sammlung Globke)

Der Große Kreuzer »Prinz Heinrich« passiert den Kaiser-Wilhelm-Kanal. Auf der Back der 24-cm-Einzelturm. (Foto: Nasmith)

Die Linienschiffe der »Wittelsbach«-Klasse – im Bild ist die »Zähringen« zu sehen – waren mit vier Geschützen 24 cm SK L/40, 18 Geschützen 15 cm SK L/40 und zwölf Geschützen 8,8 cm SK L/30 ausgerüstet. (Foto: Archiv DMB)

Der Einbau der 24-cm-Rohre im vorderen Geschützturm des Linienschiffes »Kaiser Karl der Grosse« auf der Hamburger Bauwerft Blohm+ Voss. (Foto: Archiv B+V)

Küstenpanzerschiff »Odin« in Aktion. Rauch und Pulverqualm hüllen das Schiff nahezu vollständig ein. (Foto: Sammlung Globke)

schwankte, erhielten die Türme eine zusätzliche Dampfturbine mit Dynamomaschine. Die Front- und Deckenpanzerung der Zwillingstürme betrug 200 mm und 40 mm und die der Einzeltürme 150 mm und 30 mm.
Geschützrohre der im Jahr 1916 außer Dienst gestellten und desarmierten Linienschiffen der »Wittelsbach«-Klasse kamen bei Küstenbatterien zur Aufstellung. Außerdem verwendete das Heer die Rohre als Eisenbahngeschütze.

28-cm-Geschütze

Die 28-cm-Geschütze auf den Linienschiffen der »Brandenburg«-Klasse waren für ihre Zeit schon recht modern, aber noch keine Schnellladekanonen sondern Mantelringkanonen. Aufgestellt waren sie in drei Zwillingstürmen auf der Back, auf dem Mittelschiff und auf der Schanz. Der Einbau des Mittelturms soll auf ausdrücklichen Befehl Kaiser Wilhelms II erfolgt sein. Mit dieser Anordnung konnten die Schiffe nach jeder Seite eine Breitseite von sechs Rohren zum Tragen bringen. Gegenüber dem vorderen und achteren Turm mit dem Kaliber 28 cm MRK L/40 hatte der mittlere Turm nur ein Kaliber von 28 cm MRK L/35. Die gewölbten Panzerkuppeln der Türme hatten eine Front- und Deckenpanzerung von 120 mm und 50 mm.

Mit der »Braunschweig«-Klasse, deren Typschiff 1904 in Dienst stellte, kehrte die Kaiserliche Marine bei der schweren Artillerie wieder zum Kaliber 28 cm zurück. In diesem Kaliber stand mittlerweile auch eine Schnellladekanone zur Verfügung. Eingerüstet wurde das Geschütz 28 cm SK L/40, das auch auf der nachfolgenden »Deutschland«-Klasse eingebaut wurde, mit jeweils zwei Zwillingstürmen. Nachdem die schon recht betagten Schiffe ab Mitte des Krieges außer Dienst gestellt und desarmiert wurden, kamen anschließend die Geschütze 28 cm SK L/40 auch bei Küstenbatterien, so zum Beispiel der Batterie Graf Spee auf der Insel Wangerooge, zum Einsatz. Auch hat ein Einsatz beim Heer als Eisenbahngeschütz stattgefunden. Auf der »Nassau«-Klasse waren sechs Zwillingstürme 28 cm SK L/45 vorhanden. Je vorn und achtern einer und in der Schiffsmitte beidseitig zwei. Ihre Front- und Deckenpanzerung betrug 220 mm und 60 mm. Ebenso kamen diese Geschütze auf dem Schlachtkreuzer »Von der Tann« mit vier Zwillingstürmen zur Einrüstung.

Die Schlachtkreuzer »Goeben« und »Moltke« erhielten mit der 28 cm SK L/50 die modernste Variante der 28-cm-Geschütze. Jeweils fünf Zwillingstürme waren vorne (1), in der Schiffsmitte (2) und achtern (2) an Bord vorhanden. Auch der Schlachtkreuzer »Seydlitz« erhielt fünf dieser Geschütze eingerüstet. Erstmalig wurden hier zwei Türme unmittelbar hintereinander stehend eingebaut, wobei der überhöht angeordnete Turm über den anderen hinwegschießen konnte.

Der achtere 28-cm-Zwillingsturm auf dem Linienschiff »Kurfürst Friedrich Wilhelm« der »Brandenburg«-Klasse. (Foto: Sammlung Globke)

Der vordere 28-cm-Zwillingsturm des Linienschiffes »Deutschland«. (Foto: Bundesarchiv)

Bezeichnung	28 cm MRK L/35	28 cm MRK L/40	28 cm SK L/40	28 cm SK L/45	28 cm SK L/50
Kaliber (mm)	283	283	283	283	283
Rohrlänge (m)	L/35 / 9,91	L/40 / 11,32	L/40 / 11,32	L/45 / 12,74	L/50 / 14,15
Rohrgewicht (t)	26,60	29,55	29,55	39,80	41,50
Geschossgewicht (kg)	300	300	300	300	284
v_0 (m/sec)	685	715	840	875	895
Schussweite (km)	14,4	15,0	18,8	18,9	18,1
Kadenz (Sch/min)	0,5	0,5	1,5	1,5	1,5
Höhenrichtbereich (°)	-4 bis +25	-4 bis +25	-4 bis +30	-6 bis +20	-8 bis +13

Das Küstenpanzerschiff »Weißenburg« der »Brandenburg«-Klasse mit Geschützen 28 cm MRK L40 und 28 cm MRK L/35 (Mitte). (Foto: Archiv Autor)

Das Linienschiff »Nassau« war mit sechs 28-cm-Zwillingstürmen stark armiert. (Foto: Sammlung Globke)

Der vordere Zwillingsturm 28 cm SK L/45 des Schlachtkreuzers »Von der Tann«. (Foto: Archiv B+V)

Der achtere Zwillingsturm 28 cm SK L/45 des Schlachtkreuzers »Von der Tann«. (Foto: Archiv DMB)

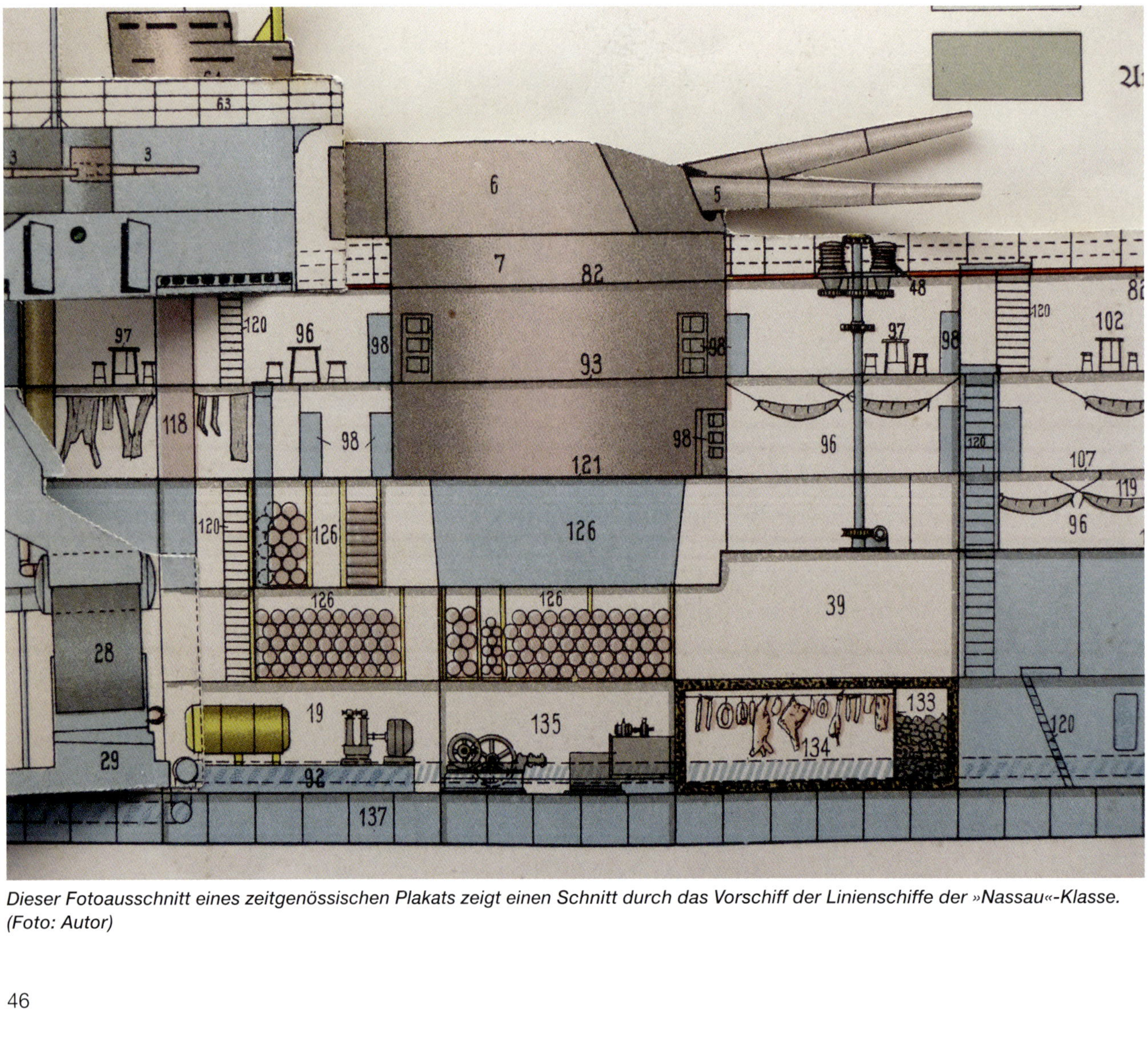

Dieser Fotoausschnitt eines zeitgenössischen Plakats zeigt einen Schnitt durch das Vorschiff der Linienschiffe der »Nassau«-Klasse. (Foto: Autor)

Einer der in der Schiffsmitte aufgestellten 28-cm-Zwillingstürme des Schlachtkreuzers »Seydlitz« beim Feuern. (Foto: Archiv DMB)

Ein im Deutschen Marinemuseum in Wilhelmshaven aufgestelltes Teilstück von einem Geschützrohr 28 cm SK L/50 des Schlachtkreuzers »Seydlitz«. Deutlich ist ein Direkttreffer aus der Skagerrak-Schlacht zu erkennen. (Foto: Autor)

Der vordere Zwillingsturm 28 cm SK L/50 des Schlachtkreuzers »Seydlitz«. (Foto: Archiv DMB)

Einer der beiden Zwillingstürme 28 cm SK L/40 des Linienschiffes »Schleswig-Holstein«. (Foto: BfZG)

Auf den Linienschiffen der »Nassau«-Klasse waren in sechs Zwillingstürmen zwölf Geschütze 28 cm SK L/45 eingerüstet. (Foto: Archiv DMB)

Ein Linienschiff der »Braunschweig«-Klasse feuert eine Breitseite mit der schweren Artillerie (28 cm SK L/40). Ebenso sind zur Breitseite ausgeschwenkt die Geschütze der mittleren Artillerie (17 cm SK L/40). (Foto: BfZG)

30,5-cm-Geschütz

Bezeichnung	30,5 cm SK L/50
Kaliber (mm)	305
Rohrlänge (m)	L/50 / 15,25
Rohrgewicht (t)	51,5
Geschossgewicht (kg)	405
v_0 (m/sec)	850
Schussweite (km)	20,4
Kadenz (Sch/min)	2 bis 3
Seitenrichtbereich (°)	-8 bis +16
Höhenrichtbereich (°)	-5 bis +30 (Türme), -5 bis +22 (Kasematten)

Bereits im Juni 1906 entschied sich das Reichsmarineamt für die Großkampfschiffe beim Hauptkaliber auf 30,5 cm überzugehen. International betrachtet, für die Kaiserliche Marine ein längst fälliger Schritt. Das Geschütz musste vollkommen neu entwickelt werden. Es kam dann ab 1911 auf den Linienschiffen der »Helgoland«-, »Kaiser«- und »König«-Klasse sowie auf den Schlachtkreuzern der »Derfflinger«-Klasse zum Einbau. Auf der »Helgoland«-Klasse waren sechs und auf den beiden übrigen Linienschiffs-Klassen fünf sowie auf den Schlachtkreuzern vier Zwillingstürme 30,5 cm SK L/50 eingerüstet.
Die Türme waren an der Stirnwand, den Seiten, der Decke und in der Neigung unterschiedlich mit 300 mm, 250 mm, 70 mm und 100 mm gepanzert. Während des Krieges wurde der Höhenrichtbereich von +13,5° auf +16° verändert und damit eine Reichweitensteigerung von 16.200 m auf 20.400 m erreicht. In der Skagerrak-Schlacht versenkten »Derfflinger« und »Lützow« mit diesen Geschützen die englischen Schlachtkreuzer »Queen Mary« und »Invincible«.
Die Geschütze 30,5 cm SK L/50 kamen auch in den Küstenbatterien auf Helgoland und Wangerooge sowie im Ersten Weltkrieg in Seebrügge zum Einbau. Auch während des Zweiten Weltkrieges wurden diese Geschütze an der Kanalküste aufgestellt.

Geschütztürme 30,5 cm SK L/50 auf dem Linienschiff »Ostfriesland«, welches nach dem Krieg an die USA ausgeliefert werden musste. (Foto: Sammlung Globke)

Zwei Türme der 30,5-cm-Artillerie auf dem Linienschiff »Oldenburg«. Ebenfalls auf der Abbildung sind zwei Geschütze 15 cm SK L/45 zu sehen. (Foto: Archiv DMB)

Geschütztürme 30,5 cm SK L/50 auf dem Linienschiff »Ostfriesland« – siehe auch nächste Seite oben. (Fotos: Archiv DMB)

Die achteren Türme der schweren Artillerie des Linienschiffes »Kaiser«. (Foto: Archiv Autor)

Die schwere Artillerie auf dem Linienschiff »Kaiser« in Aktion. (Foto: Archiv DMB)

Das im Bau befindliche Linienschiff »Kaiserin« mit unfertigen Türmen der schweren Artillerie. (Foto: Archiv DMB)

Die beiden achteren Türme 30,5 cm SK L/50 des Linienschiffes »Prinzregent Luitpold«. (Foto: Sammlung Globke)

Die beiden vorderen Türme 30,5 cm SK L/50 des Linienschiffes »Grosser Kurfürst«. (Foto: Archiv DMB)

Ein Großkampfschiff der Kaiserlichen Marine, vermutlich »Kaiser«, feuert eine Breitseite mit der schweren Artillerie. (Foto: Archiv DMB)

Das Vorschiff des Schlachtkreuzers »Derfflinger« mit den beiden Türmen 30,5 cm SK L/50. (Foto: Archiv B+V)

Zwei Zwillingstürme mit Geschützen 30,5 cm SK L/50 auf dem Linienschiff »Friedrich der Große«. (Foto: Archiv DMB)

Ein Zwillingsturm mit Geschützen 30,5 cm SK L/50 auf dem Linienschiff »Kaiser«. (Foto: Archiv DMB)

Die Luftaufnahme des Linienschiffes »Kaiser« macht die Aufstellung der schweren Artillerie von fünf Zwillingstürmen mit Geschützen 30,5 cm SK L/50 deutlich. (Foto: Sammlung Globke)

Linke Seite unten: Eine Luftaufnahme von dem Linienschiff »Oldenburg«, worauf die Anordnung der schweren und auch der mittleren Artillerie auf der »Helgoland«-Klasse gut zu erkennen ist. (Foto: Sammlung Globke)

Die beiden achteren Türme 30,5 cm SK L/50 auf dem Linienschiff »Kaiser«. (Foto: Archiv DMB)

In Bildmitte ein Zwillingsturm mit Geschützen 30,5 cm SK L/50 auf dem Linienschiff »Ostfriesland«. Darunter sind zwei Geschütze 15 cm SK L/45 zu erkennen. (Foto: Archiv DMB)

35-cm-Geschütz

Das Geschütz 35 cm SK L/45 war für die sieben geplanten Schlachtkreuzer der »Mackensen«-Klasse vorgesehen. Vier Zwillingstürme, je zwei vorne und achtern, sollten auf dieser Weiterentwicklung der vorangegangenen »Derfflinger«-Klasse zum Einbau kommen. Ursprünglich waren 38-cm-Geschütze für diese Klasse vorgesehen.
Das Typschiff wurde am 14. August 1914 bei der Hamburger Werft Blohm+Voss beauftragt und am 30. Januar 1915 auf Kiel gelegt. Am 21. April 1917 erfolgte der Stapellauf der »Mackensen«. Auch das Schwesterschiff »Graf Spee« lief noch am 15. September 1917 vom Stapel. Beide Schiffe wurden jedoch nicht mehr fertiggestellt. Nach dem Krieg mussten die unfertigen Schiffe gemäß den Auflagen des Versailler Vertrages abgebrochen werden. Ebenso waren die schon vorhandenen Geschützrohre zu zerstören.

Bezeichnung	35 cm SK L/45
Kaliber (mm)	350
Rohrlänge (m)	L/45 / 15,75
Rohrgewicht (t)	73,5
Geschossgewicht (kg)	600
v_0 (m/sec)	?
Schussweite (km)	20
Kadenz (Sch/min)	2,5
Seitenrichtbereich (°)	-8 bis +16
Höhenrichtbereich (°)	-5 bis +30 (Türme), -5 bis +22 (Kasematten)

Der Schlachtkreuzer »Mackensen« im Bau bei der Hamburger Werft Blohm+Voss. Deutlich zu erkennen sind die Decksdurchbrüche für die Geschütztürme. (Foto: Archiv B+V)

38-cm-Geschütz

Für alle ab 1913 vorgesehenen Großkampfschiffe war das Kaliber von 38 cm bestimmt. Auch die nicht mehr fertiggestellten Schlachtkreuzer der »Mackensen«-Klasse sollten nach der ursprünglichen Planung damit ausgerüstet werden, wovon man dann allerdings wieder Abstand nahm und an deren Stelle 35-cm-Geschütze einbauen wollte. Das Kaliber 38 cm kam so nur noch auf den Linienschiffen der »Bayern«-Klasse mit vier Zwillingstürmen zur Einrüstung. Vier Schiffe waren von dieser Klasse vorgesehen und 1914 / 1915 auf Kiel gelegt worden. Sie liefen auch alle noch vom Stapel, aber nur die »Bayern« und die »Baden« stellten 1916 am 18. März und 19. Oktober noch in Dienst.

Mit dem Geschütz 38 cm SK L/45 zog die Kaiserliche Marine, was das Kaliber betrifft, mit der Royal Navy gleich. Die Türme wiesen an den Seiten und der Decke unterschiedliche Panzerstärken zwischen 350 mm und 120 mm auf. Auf »Bayern« wurde später der Höhenrichtwinkel auf -5° bis +20° erweitert. Damit erhöhte sich die Schussweite auf 23.200 m.

Die für das dritte und vierte Linienschiff vorgesehenen Geschütze kamen beim Heer als 38 cm SK L/45 Max, auch Langer Max genannt, sowohl als Eisenbahngeschütze an der Westfront wie auch in Küstenbatterien in Flandern zum Einsatz.

Bezeichnung	**38 cm SK L/45**
Kaliber (mm)	380
Rohrlänge (m)	L/45 / 17,1
Rohrgewicht (t)	77,5
Geschossgewicht (kg)	750
v_0 (m/sec)	800
Schussweite (km)	20,25
Kadenz (Sch/min)	2,5
Seitenrichtbereich (°)	-8 bis +16
Höhenrichtbereich (°)	-5 bis +30 (Türme), -5 bis +22 (Kasematten)

Die nach Backbord ausgeschwenkte schwere Artillerie des Linienschiffes »Baden«. Deutlich zu erkennen sind auch die acht Geschütze 15 cm SK L/45 der Steuerbordseite. (Foto: Sammlung Globke)

Die Luftaufnahme des Linienschiffes »Baden« macht die Ausrüstung, Anordnung und Anzahl der schweren und mittleren Artillerie deutlich. (Foto: Sammlung Globke)

Die beiden vorderen Zwillingstürme 38 cm SK L45 des Linienschiffes »Baden«. (Foto: Sammlung Globke)

Das Linienschiff »Bayern« war bei der schweren Artillerie mit acht Geschützen 38 cm SK L/45 in vier Zwillingstürmen ausgerüstet. Die mittlere Artillerie bestand beidseitig aus je acht Geschützen 15 cm SK L/45. (Foto: Sammlung Globke)

Das Linienschiff »Bayern« feuert mit der schweren Artillerie eine Breitseite nach Backbord. (Foto: BfZG)

Ein Größenvergleich. 38-cm-Granaten dieser Art kamen beim Heer auf den im Hintergrund abgebildeten Eisenbahngeschützen 38 cm SK L/45 Max zum Einsatz. (Foto: Archiv Autor)

Die beiden vorderen 38-cm-Zwillingstürme auf dem Linienschiff »Bayern«. (Foto: BfZG)

Reichs- und Kriegsmarine

8,8-cm-Geschütze

Als leichte Artillerie waren 8,8-cm-Geschütze auf allen Großkampfschiffen der Kaiserlichen Marine zum Zwecke der Torpedobootsabwehr und später auch zur Flugabwehr eingerüstet. Auf kleineren Einheiten bildete das Geschützmodell die Hauptbewaffnung. Als Flugabwehrgeschütz auf den großen und wiederum als Hauptbewaffnung auf vielen kleinen Einheiten wurde die Acht-Acht auch in der Reichsmarine und später in der Kriegsmarine wieder genutzt. Es entstanden im Laufe der Zeit viele Weiterentwicklungen und Modifikationen. Sie alle aufzuführen würde den Rahmen dieser Kurzvorstellung sprengen.

Der erste Nachkriegsneubau eines größeren Marineschiffes war der 1925 in Dienst gestellte Leichte Kreuzer »Emden«, der als leichte Artillerie zur Flugabwehr zwei Geschütze 8,8 cm SK L/45 mit Schutzschild eingerüstet erhielt. Sie wurden auch als schwere Flak bezeichnet, konnten aber auch gegen Seeziele verwendet werden. Im Sommer 1935 kam noch ein drittes Geschütz hinzu. Diese Geschütze waren noch technischer Stand aus der Kaiserlichen Marine und stammten auch noch aus dieser Zeit. Probeweise erhielt der 1930 in Dienst gestellte Leichte Kreuzer »Köln« neu entwickelte 8,8-cm-Geschütze eingebaut, die aber wegen schlechter Resultate wieder gegen 8,8 cm SK L/45 ausgetauscht wurden. Letztere waren auch auf den zuvor in Dienst gestellten Schwesterschiffen »Königsberg« und »Karlsruhe« vorhanden. Später wurden auf den drei sogenannten K-Kreuzern die 8,8 cm SK L/45 durch 8,8 cm SK L/76 C32 in Doppellafette ersetzt. Die Anzahl der Geschütze war auf den einzelnen Kreuzern unterschiedlich und betrug drei oder vier Doppellafetten. Auf dem 1933 in Dienst gestellten Panzerschiff »Deutschland« kamen ebenfalls in Ermangelung neuerer Geschütze zunächst drei, noch aus Beständen der Kaiserlichen Marine stammende Geschütze 8,8 cm SK L/45 mit Schutzschild an Bord. Schon 1935 sind sie gegen drei 8,8 cm SK L/75 C32 in Doppellafette ausgetauscht worden. Die Schwesterschiffe »Admiral Scheer« und »Admiral Graf Spee« hatten von Anfang an die leicht veränderte Doppellafette 8,8 cm SK L/76 C32 eingerüstet. Auch der Leichte Kreuzer »Leipzig« erhielt die vorhandene Interimsbewaffnung von Geschützen 8,8 cm SK L/45 im Februar 1936 durch drei solcher neueren Geschütze ausgetauscht. Das Schwesterschiff »Nürnberg« war seit der Indienststellung mit vier Waffen 8,8 cm SK L/76 C32 ausgerüstet worden. Das Gesamtgewicht einer Doppellafette 8,8 cm SK L/76 C32 belief sich mit allem Zubehör auf 27 t. Die Waffe hatte einen leichten Panzerschutz und war nicht nur gegen Luftziele (LZ), sondern auch gegen Seeziele (SZ) einsetzbar.

Zwei Geschütze 8,8 cm SK L/45 mit Schutzschild auf dem Leichten Kreuzer »Königsberg«. (Foto: Bundesarchiv)

Zwei Geschütze 8,8 cm SK L/45 mit Schutzschild und ein Drillingsturm 15 cm SK C25 auf dem Leichten Kreuzer »Königsberg«. (Foto: Archiv Autor)

Die Geschützvariante 8,8 cm SK L/45 C35 aus der 8,8-cm-Geschützfamilie kam als Standardeinrüstung auf den U-Booten des Typs VII C zum Einbau und war entsprechend angepasst. Es war eine recht einfache, auf die besonderen Erfordernisse von U-Booten abgestimmte Konstruktion und nur im reinen Handbetrieb zu bedienen. Auf Grund der allgemeinen Lageentwicklung im U-Bootkrieg und der zunehmenden Luftbedrohung wurde das Geschütz etwa ab 1943 wieder von Bord genommen bzw. auf Neubauten nicht mehr eingebaut. Vereinzelt waren diese Geschütze auch an Bord von Minensuchbooten Typ M 40 eingerüstet.

Bezeichnung	8,8 cm SK L/45	8,8 cm SK L/76 C32	8,8 cm SK L/45 C35
Kaliber (mm)	88	88	88
Rohrlänge (m)	L/45 / 3,960	L/76 / 6,688	L/45 / 3,960
Rohrgewicht (t)	2,50	3,64	?
Geschossgewicht (kg)	9,5	9	9
v_0 (m/sec)	890	950	700
Schussweite (km)	10,2	17,2 (SZ); 12,4 (LZ)	12,0
Kadenz (Sch/min)	10	15 bis 20	15
Höhenrichtbereich (°)	-10 bis +70	-10 bis +80	-10 bis +30

Auch auf kleineren Einheiten und auf zu Hilfskriegsschiffen umgerüsteten zivilen Fahrzeugen kam das Geschütz 8,8 cm SK L/45 zum Einsatz. (Foto: Mendel / Bundesarchiv)

Das Geschütz 8,8 cm SK L/45 C35 stand auf den VII C-U-Booten vor dem Turm. (Foto: Archiv DMB)

Torpedoübernahme auf einem U-Boot. Gut zu erkennen ist auch das Bordgeschütz 8,8 cm SK L/45 C35. (Foto: Dietrich / Bundesarchiv)

10,5-cm-Geschütze

Mit eine der ersten deutschen Nachkriegsentwicklungen bei den Marinegeschützen war das Geschütz 10,5 cm SK L/45 C28. Es war auf den Torpedobooten der »Raubvogel«- und »Raubtier«-Klasse eingerüstet; jeweils eines auf der Back und zwei auf dem Achterschiff. Diese auch als Torpedoboot 1923 und Torpedoboot 1924 bezeichneten Einheiten stellten ab der zweiten Hälfte der 1920er Jahre in Dienst. Es ist jedoch anzumerken, dass die ersten der zulaufenden Boote zunächst noch das aus der Kaiserlichen Marine stammende Geschütz 10,5 cm SK L/45 eingerüstet hatten und dann gegen Ende der 1920er Jahre umgerüstet wurden. Das Geschütz 10,5 cm SK L/45 C28 hatte für die Bedienungsmannschaft einen Schutzschild, war aber noch vollkommen handbetrieben. Einige der Torpedoboote wurden später auf das Geschütz 10,5 cm SK L/45 C32 umgerüstet. Dies kam auch auf den Folgebooten, den Torpedobooten 1935 und Torpedobooten 1937 sowie den Flottentorpedobooten, generell zur Einrüstung. Auch Minensuchboote M 35, M 40 und M 43 erhielten dieses Geschütz ebenso wie die großen U-Boote der Typen I, IX und X. Auf dem Leichten Kreuzer »Emden« soll es ebenfalls gegen Ende des Krieges noch an Bord gekommen sein. Als einziger Zerstörer bekam Z 31 ein Geschütz 10,5 cm SK L/45 C32 eingebaut. Es war der Ersatz für ein im Gefecht beschädigtes 12,7-cm-Geschütz. In Norwegen angelegte Küstenbatterien erhielten ebenfalls diese Waffe. Dort soll sie vereinzelt noch bis 2002 im Einsatz gewesen sein.

Das Geschütz 10,5 cm SK L/65 C33 war wieder eine Doppellafette und kam daher nur für die großen Einheiten in Frage. Die auch als schwere Flak bezeichnete Waffe konnten sowohl gegen Luftziele (LZ) wie auch gegen Seeziele (SZ) eingesetzt werden. Auf den drei Panzerschiffen »Deutschland«, »Admiral Scheer« und »Admiral Graf Spee« erfolgte ein Austausch 1:1 mit den vorhandenen Geschützen 8,8 cm SK L/76 C32. Auf den Schlachtschiffen »Scharnhorst« und «Gneisenau« war von vorne herein der Einbau mit je sieben Doppellafetten gegeben. Die neuen Schlachtschiffe »Bismarck« und »Tirpitz« waren mit acht Geschützen 10,5 cm SK L/65 C33 ausgestattet. Auf den ebenfalls neuen Schweren Kreuzern »Admiral Hipper«, »Blücher« und »Prinz Eugen« erfolgte die Einrüstung mit jeweils sechs Doppellafetten.

Auf einem Hilfskriegsschiff eingerüstetes Geschütz 10,5 cm SK L/45 C32. (Foto: Archiv DMB)

Auf der Abbildung des Torpedobootes »Kondor« ist die Anordnung der drei 10,5-cm-Geschütze deutlich zu erkennen. Man beachte: Das vorletzte Geschütz hatte keinen Schutzschild. (Foto: Archiv DMB)

Das Torpedoboot »Jaguar« mit den neueren Geschützen 10,5 cm SK L/45 C32. Alle drei Geschütze sind jetzt mit Schutzschilden ausgerüstet. (Foto: Archiv DMB)

Bei den 1938 / 1939 durchgeführten Umbauarbeiten bekam die »Karlsruhe« als einziger der Leichten Kreuzer im Austausch mit den vorhandenen 8,8-cm-Geschützen drei Doppellafetten 10,5 cm SK L/65 C33 eingerüstet. Entsprechend umkonstruiert fand das Geschütz als 10,5 cm FlaK 38 in Einzellafette auch bei der Luftwaffe und in Küstenbatterien eine zusätzliche Verwendung.

Bezeichnung	**10,5 cm SK L/45 C28**	**10,5 cm SK L/45 C32**	**10,5 cm SK L/65 C33**
Kaliber (mm)	105	105	105
Rohrlänge (m)	L/45 / 4,725	L/45 / 4,725	L/65 / 6,825
Rohrgewicht (t)	3,660	1,585 (?)	4,560
Geschossgewicht (kg)	15	15	15
v_0 (m/sec)	925	780	900
Schussweite (km)	17,3	15,2	17,7 (SZ); 12,5 (LZ)
Kadenz (Sch/min)	15	15 bis 18	15 bis 18
Höhenrichtbereich (°)	?	?	-8 bis +80

Die Torpedoboote gehörten zu den ersten Einheiten, die mit dem Geschütz 10,5 cm SK L/45 C28 ausgerüstet wurden. (Foto: Archiv DMB)

Die U-Bootsversion des Geschützes 10,5 cm SK L/45 C32. (Foto: Tölle / Bundesarchiv)

Das Bild zeigt eine Doppellafette 10,5 cm SK L/65 C33 des Panzerschiffes »Admiral Graf Spee«. Das Schiff war nach schweren Gefechtsschäden auf flachem Wasser in der Flussmündung des La Plata selbst versenkt worden. Die Aufnahme wurde wenige Monate später auf dem Wrack gemacht. (Foto: US Navy)

Ein in Norwegen museal aufgestelltes Geschütz 10,5 cm SK L/45 C32, das in einer Küstenbatterie verwendet wurde. (Foto: Ritterbach / CC-BY-SA 2.0)

Soldaten einer 10,5 cm Flak 38 bei vermutlich Wartungsarbeiten. (Foto: Doege / Bundesarchiv)

Eine Doppellafette 10,5 cm SK L/65 C33 auf dem Schweren Kreuzer »Prinz Eugen«. Der Kreuzer wurde nach dem Krieg amerikanische Kriegsbeute und ist nach Atombombenversuchen im Bikini-Atoll gesunken. (Foto: US Navy)

Ein auf einem U-Boot eingerüstetes Geschütz 10,5 cm SK L/45 C32. (Foto: BfZG)

Die Richt- und Steuermechanik des Geschützes 10,5 cm SK L/45 C32. (Foto: Darkone / CC-BY-SA 2.5)

Ein als Museumsexponat aufgestelltes Geschütz 10,5 cm SK L/45 C32. (Foto: Darkone / CC-BY-SA 2.5)

In Doppellafette auf einem Schlachtschiff eingerüstete Geschütze 10,5 cm SK L/65 C33. (Foto: Archiv DMB)

12,7-cm-Geschütze

Im Oktober 1934 begann mit der Kiellegung des Zerstörers »Z 1 Leberecht Maass« der deutsche Zerstörerbau. Die Hauptbewaffnung des Zerstörers und auch die der Folgebauserien Zerstörer 1934, Zerstörer 1934A und Zerstörer 1936 sowie Zerstörer 1936B bestand aus fünf Geschützen 12,7 cm SK L/45 C34. Die Waffe basierte auf einer bereits aus den 1920er Jahren stammenden Entwicklung, deren damalige Einführung am Veto der Siegermächte gescheitert war.

Das Geschütz 12,7 cm SK L/45 C34 war leistungsfähig, musste allerdings noch manuell bedient werden. Es war noch nicht als Turm ausgelegt. Lediglich ein 8 mm starker Schutzschild bot der zehn-köpfigen Bedienungsmannschaft Splitterschutz. Das Gesamtgewicht eines Geschützes mit Schutzschild betrug 10 t. Vor dem Einbau auf den Zerstörern war es bereits auf den Torpedobooten »Leopard« und »Luchs« eingehend erprobt worden. Die erwarteten ballistischen Leistungen und die Wirkung am Ziel wurden dabei erfüllt, sodass die Zerstörer von Anfang an eine ausgereifte Waffe erhielten.

Auf den Zerstörerneubauten der Baureihe Zerstörer 1936A kamen dann 15-cm-Geschütze zur Einrüstung. Auf der letzten im Krieg gebauten Serie, den Zerstörern 1936B, ging man jedoch wieder auf das alte und bewährte 12,7-cm-Kaliber zurück. Weitere Einrüstungen des Geschützes 12,7 cm SK L/45 C34 erfolgten auf dem Aviso »Grille« und auf dem Artillerieschulschiff »Bremse«. Für die geplanten und auch 1939 beauftragten, aber dann nicht mehr realisierten U-Boote Typ XI (U-Kreuzer) war ebenfalls eine Einrüstung von 12,7-cm-Geschützen vorgesehen.

Bezeichnung	12,7 cm SK L/45 C34
Kaliber (mm)	127
Rohrlänge (m)	L/45 / 5,715
Rohrgewicht (t)	3,645
Geschossgewicht (kg)	28
v_0 (m/sec)	830
Schussweite (km)	17,4
Kadenz (Sch/min)	18 bis 20
Seitenrichtbereich (°)	-10 bis +30
Höhenrichtbereich (°)	-5 bis +30 (Türme), -5 bis +22 (Kasematten)

Die beiden vorderen Geschütze auf einem Zerstörer. (Foto: Archiv DMB)

Zerstörer »Z 10 Hans Lody«. Gut zu erkennen ist die Anordnung der Geschütze. Vor der Brücke und auf dem achteren Inselaufbau jeweils zwei. Auf der Schanz steht dann das fünfte Geschütz. (Foto: Archiv DMB)

Zerstörer »Z 19 Hermann Künne«. (Foto: Archiv DMB)

Das Buggeschütz auf dem Artillerieschulschiff »Bremse«. (Foto: Archiv DMB)

Bugaufnahme eines bei der Hamburger Werft Blohm+Voss gebauten Zerstörers. (Foto: Archiv B+V)

Eine Geschützbesatzung auf Gefechtsstation. Die Ruhe wird zum Nachholen von versäumtem Schlaf genutzt. Die 12,7-cm-Granaten ersetzen die Koje. (Foto: BfZG)

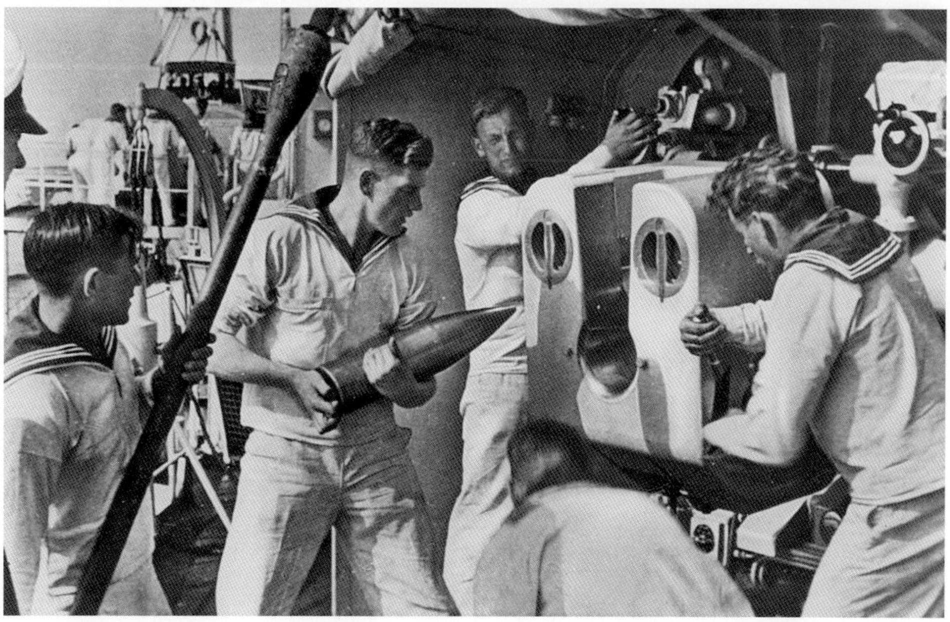

Geschützexerzieren an einem 12,7-cm-Geschütz. (Foto: BfZG)

15-cm-Geschütze

Nach der ursprünglichen Planung war für den Leichten Kreuzer »Emden« eine Bewaffnung von acht 12-cm-Geschützen in vier Doppellafetten vorgesehen. Diese Waffe war zwar schon durchkonstruiert, es kam aber aus politischen Gründen nicht zur Fertigung. Einsprüche der Siegermächte und die Besetzung des Rheinlandes verhinderten den Bau des Geschützes und man musste als Notlösung auf alte Geschütze 15 cm SK L/45 aus Reservebeständen der Kaiserlichen Marine zurückgreifen. Diese kamen dann als acht Einzellafetten an Bord. Je zwei Geschütze vor der Brücke und auf dem Achterschiff, davon jeweils eine Waffe überhöht angeordnet, sowie an den beiden Seiten jeweils vorne und mittschiffs ein Geschütz. Damit standen für eine Breitseite sechs Rohre zur Verfügung. Die Geschütze waren noch nicht in Turmausführung, sondern führten lediglich Schutzschilde. Im Jahre 1942 wurden diese durch das mittlerweile auf Zerstörern 1936A eingeführte Modell 15 cm TK L/48 C36 ersetzt.

Die nächsten Kreuzerneubauten der Reichsmarine waren die drei K-Kreuzer »Königsberg«, »Karlsruhe« und »Köln«, die mit neun neu entwickelten Geschützen 15 cm SK L/60 C25 in Drillingstürmen ausgerüstet wurden. Sie waren etwas ungewöhnlich platziert: Vorne ein Turm und achtern, jeweils nach den Seiten um ca. 2 m aus der Mittschiffslinie versetzt, zwei Türme. Die Türme waren an der Front (30 mm), den Seiten (20 mm) und an der Decke (20 mm) gepanzert. Alle Rohre konnten in der Höhe einzeln oder im Verbund hydraulisch gerichtet werden. Das Schwenken erfolgte elektrisch. Bei den nachfolgend gebauten Leichten Kreuzern »Leipzig« und »Nürnberg« kehrte man wieder zur üblichen Turmaufstellung in der Schiffssymmetrieachse zurück. Anzumerken ist noch die Tatsache, dass hier erstmals Drillingstürme in der deutschen Marine verwendet wurden. Auf den drei Panzerschiffen »Deutschland«, »Admiral Scheer« und »Admiral Graf Spee« standen als mittlere Artillerie auf jeder Schiffsseite vier Geschütze 15 cm SK L/55 C28 in Einzellafette zur Verfügung.

Auf dieser Abbildung des Leichten Kreuzers »Emden« ist die Anordnung der insgesamt acht 15-cm-Geschützen in Einzellafetten, die noch aus der Kaiserlichen Marine stammten, gut zu erkennen. (Foto: Archiv Autor)

Bezeichnung	15 cm SK L/45	15 cm SK L/60 C25	15 cm SK L/55 C28	15 cm TK L/48 C36
Kaliber (mm)	150	150	150	150
Rohrlänge (m)	L/45 / 6,75	L/60 / 9,00	L/55 / 8,25	L/48 / 7,20
Rohrgewicht (t)	5,020	11,970	9,026	8,564
Geschossgewicht (kg)	46	45	45	45
v_0 (m/sec)	898	960	875	835
Schussweite (km)	19,6	25,7	25,7	23,5
Kadenz (Sch/min)	7	7	6 bis 8	6 bis 8
Höhenrichtbereich (°)	-10 bis +27	-10 bis +40	-10 bis +35	-10 bis +30

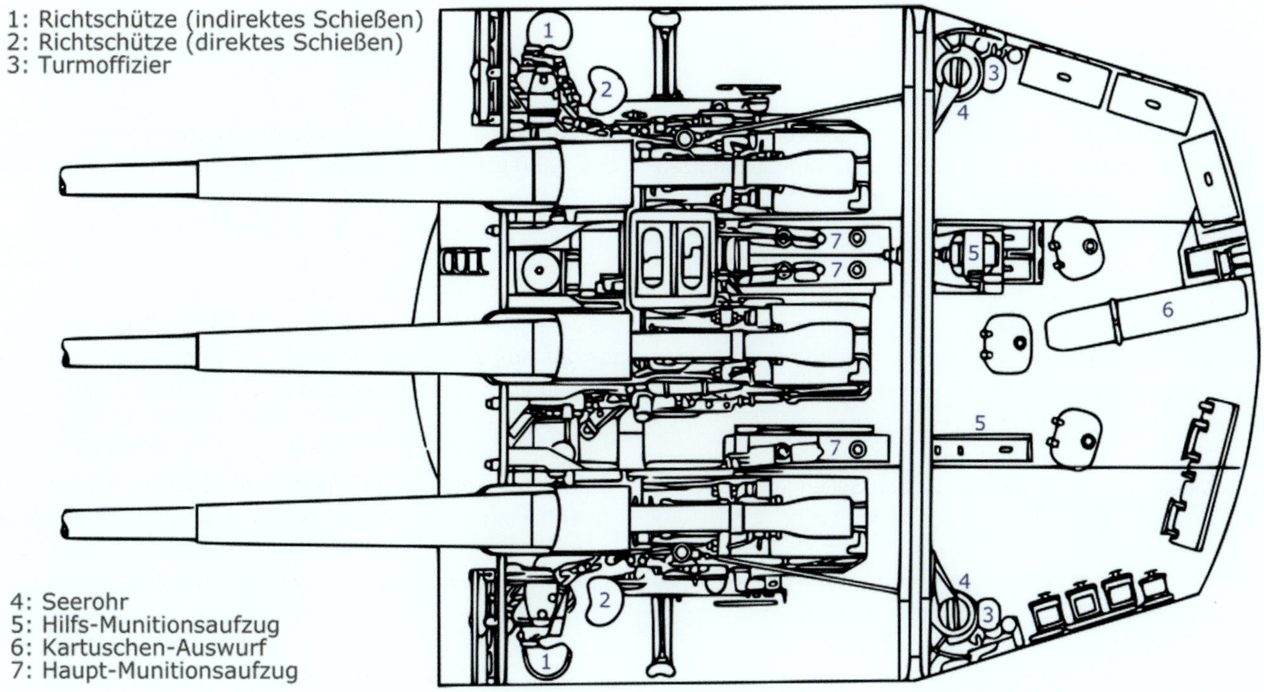

Risszeichnung eines Drillingsturms 15 cm SK L/60 C 25. (Foto: Klawuttke)

Sie waren eine Weiterentwicklung und modernere Konstruktion als ihre Vorgänger in der Kaiserlichen Marine. Die Waffe hatte einen offenen, leicht gepanzerten Schutzschild. Die Munition musste per Hand aus den Munitionsförderanlagen herbeigeschafft werden. Die Geschütze besaßen lediglich Seezielfähigkeit. Auch die Schlachtschiffe »Scharnhorst« und »Gneisenau« hatten vier Geschütze 15 cm SK L/55 C28 in Einzellafetten mit Schutzschild eingerüstet. Zusätzlich waren hier noch vier Zwillingstürme vorhanden. Diese Zwillingstürme befanden sich auch auf den Schlachtschiffen »Bismarck« und »Tirpitz«. Je drei standen auf beiden Seiten im mittleren Schiffsbereich. Die 15-cm-Zwillingstürme verfügten über Munitionsaufzüge. Das Laden selbst erfolgte jedoch manuell. Bei einem Geschossgewicht von 45 kg eine schwere und körperlich anstrengende Arbeit für das Bedienungspersonal. Während das Heben und Senken der Rohre eine Hydraulikanlage besorgte, erfolgte das Schwenken des Turms elektrisch.

Hinsichtlich der Hauptartillerie verfügten die Zerstörer Z 23 bis Z 30 der Bauserie Zerstörer 1936A mit Indienststellung über vier Geschütze 15 cm TK L/48 C36 in Einzellafetten, wobei die Abkürzung TK für Torpedobootkanone steht. Auf Z 23, Z 24, Z 25 und Z 29 kam 1942 / 1943 auf der Back ein 15-cm-Zwillingsturm zum Einbau. Damit erhöhte sich die Anzahl der Rohre auf fünf. Ab Z 31 bis Z 34 und Z 37 bis Z 42 der Bauserie Zerstörer 1936Amob, die jedoch kriegsbedingt nicht mehr vollständig gebaut wurde, bestand die Hauptartillerie ebenfalls aus einem Zwillingsturm und drei Einzeltürmen von 15-cm-Geschützen. Die Türme waren leicht an der Front (10 mm) und der Decke (6 mm) gepanzert. Abweichend vom Einzelturm hatte der Zwillingsturm eine Rohrerhöhung von -10° bis +65° und eine stärkere Panzerung mit 30 mm vorne, 20 mm an den Seiten und der Decke sowie 15 mm an der Rückseite. Bleibt noch anzumerken, dass die deutschen Zerstörer weltweit die einzigen Zerstörer mit einem solch großem Kaliber waren.

Eines der Geschützrohre 15 cm SK L/60 C25 des Leichten Kreuzers »Köln« als Exponat im Deutschen Marinemuseum in Wilhelmshaven. Es wurde 1971 bei Hafenbauarbeiten im Marinearsenal Wilhelmshaven gefunden. (Foto: Autor)

Der vordere Drillingsturm auf dem Leichten Kreuzer »Nürnberg«. (Foto: Augst / Bundesarchiv)

Die Luftaufnahme des Leichten Kreuzers »Köln« lässt die besondere Anordnung mit der seitlichen Versetzung der beiden achteren Drillingstürme deutlich werden. (Foto: Archiv Autor)

Reinigung eines Geschützrohres auf einem Leichten Kreuzer. (Foto: Bundesarchiv)

Zwei Geschütze 15 cm SK L55 C28 des Panzerschiffes »Admiral Graf Spee« aufgenommen im Dezember 1939 im Hafen von Montevideo. Deutlich zu erkennen die Gefechtsschäden und das ausgebrannte Bordflugzeug vom Typ Arado Ar 196. (Foto: Archiv Autor)

Das Bild zeigt ein Geschütz 15 cm SK L55 C28 des Panzerschiffes »Admiral Graf Spee«. Das Schiff war nach schweren Gefechtsschäden auf flachem Wasser in der Flussmündung des La Plata selbst versenkt worden. Links oben im Bild sind die Rohre der Doppellafette 10,5 cm SK L/65 C33 zu sehen. Die Aufnahme wurde wenige Monate nach dem Gefecht auf dem Wrack gemacht. (Foto: US Navy)

Ein Geschütz 15 cm SK L/55 C28 des Panzerschiffes »Admiral Graf Spee« steht heute als Exponat im Museo Naval in Montevideo / Uruguay. (Foto: Mazza / CC-BY-SA 3.0)

Reinschiff an Oberdeck und an einem Zwillingsturm 15 cm SK L/55 C28 auf dem Schlachtschiff »Gneisenau«. (Foto: Archiv Autor)

Die mittlere Artillerie von Geschützen 15 cm SK L/55 C28 auf einem Panzerschiff. Gut zu erkennen auch das Bordflugzeug vom Typ Arado Ar 196. (Foto: Archiv DMB)

Ein Geschütz 15 cm SK L55 C28 auf dem Panzerschiff »Deutschland«. (Foto: Archiv DMB)

Ein Geschütz 15 cm SK L55 C28 in Doppellafette auf dem Seitendeck des Schlachtschiffes »Bismarck«. An der rechten Oberseite des Geschützes sind im Hintergrund die Rohre einer Doppellafette 10,5 cm SK L/65 C33 zu erkennen. (Foto: Archiv DMB)

Ein Geschütz 15 cm SK L55 C28 in Doppellafette auf dem Seitendeck des Schlachtschiffes »Bismarck«. (Foto: Bundesarchiv)

Einer der Zwillingstürme 15 cm SK L/55 C28 auf dem Schlachtschiff »Bismarck«. (Foto: Bundesarchiv)

Die Luftaufnahme vom September 1945 zeigt den Zerstörer Z 39 unter amerikanischer Flagge. Z 39 hatte vorne einen Zwillingsturm 15 cm TK L/48 C36 eingerüstet. Zunächst amerikanische Kriegsbeute, wurde das Schiff anschließend an Frankreich übergeben, wo es bis in die 1950er Jahre in der französischen Marine fuhr. (Foto: US Navy)

Die Aufnahme zeigt den Zerstörer Z 29, der nach dem Krieg den Amerikanern als Kriegsbeute zugesprochen wurde. Trotz der schlechten Fotoqualität sind die beiden achteren Geschütze 15 cm TK L/48 C36 gut zu erkennen. (Foto: US Navy)

Der Zwillingsturm 15 cm TK L48 C36 auf dem Zerstörer Z 39. (Foto: Archiv DMB)

Geschützausbildung an der Schiffsartillerieschule. (Foto: BfZG)

20,3-cm-Geschütz

Auf den Schweren Kreuzern »Admiral Hipper«, »Blücher« und »Prinz Eugen«, die in den Jahren 1939/1940 in Dienst stellten, waren als Hauptbewaffnung vier Zwillingstürme 20,3 cm SK L/60 C34 eingerüstet. Mit 36 km hatten die vollkommen neu konstruierten Geschütze, deren Kalibergröße erstmals in Deutschland entwickelt und bei der Marine eingeführt wurde, eine sehr große Schussweite und zugleich eine sehr effektive Wirkung am Ziel. Diesbezüglich sei nur auf die guten Schießergebnisse des Schweren Kreuzers »Prinz Eugen« im Seegefecht mit dem britischen Schlachtkreuzer »Hood« und dem Schlachtschiff »Prince of Wales« während der Unternehmung Rheinübung hingewiesen. Die Zwillingstürme 20,3 cm SK L/60 C34 wurden elektrisch geschwenkt und die einzeln hantierbaren Rohre elektro-hydraulisch bewegt. Als Bedienungspersonal waren 72 Mann notwendig. Der Ladevorgang ging folgendermaßen vor sich: »Auf den Schweren Kreuzern lagen die Granatkammern unter den Pulverkammern, die sich wiederum direkt unter dem Panzerdeck befanden. Die Kartuschen wurden von Hand in den Beladeraum gebracht und dann in den Kartuschfahrstuhl eingegeben, wobei die Vorkartusche in die obere Mulde und die Hauptkartusche in die untere Mulde kamen. Unten in den Granatkammern hoben elektrische Hub- und Fahrwinden die Geschosse vom Stapel und setzten sie zum Transport in den Beladeraum auf Rollenbahnen ab. Im Beladeraum lenkten Gleitbahnen die Granaten in zwei Mulden, die sie wiederum in den Ringwagen kippten, und von da aus rollten sie in den Geschossstuhl im schwenkbaren Aufbau. Unterwegs nahm dann der Geschossstuhl den Kartuschfahrstuhl zur Geschützplattform mit. Dort rollten Kartuschen und Granate nacheinander in eine Schwingmulde, um in das Ladeloch geschoben zu werden. Neben dem Hauptaufzug waren auch Notmunitionsaufzüge vorhanden.« (*)

Bezeichnung	20,3 cm SK L/60 C34
Kaliber (mm)	203
Rohrlänge (m)	L/60 / 12,18
Rohrgewicht (t)	20,7
Geschossgewicht (kg)	122
v_0 (m/sec)	925
Schussweite (km)	36
Kadenz (Sch/min)	4
Seitenrichtbereich (°)	-10 bis +37
Höhenrichtbereich (°)	-5 bis +30 (Türme), -5 bis +22 (Kasematten)

Der Schwere Kreuzer »Admiral Hipper« noch unter Werftflagge in Hamburg. (Foto: Archiv B+V)

Der Schwere Kreuzer »Admiral Hipper« wurde in Kiel am 3. May 1945 durch britische Bomben schwer getroffen und stark in Mitleidenschaft gezogen. Zu sehen sind die zerstörten achteren Zwillingstürme 28 cm SK L/60 C34. (Foto: Archiv Autor)

Die vereisten Rohre eines Turms 20,3 cm SK L/60 C34 auf dem Schweren Kreuzer »Admiral Hipper«. (Foto: BfZG)

Die achteren Türme des Schweren Kreuzers »Prinz Eugen«. Links und rechts im Bild sind je eine Doppellafette 10,5 cm SK L/65 C33 zu sehen. (Foto: Archiv DMB)

Die vorderen Türme des Schweren Kreuzers »Prinz Eugen« in Aktion. (Foto: Archiv DMB)

Vermutliches Geschützexerzieren an einem Zwillingsturm 20,3 cm SK L60 C34 auf der »Prinz Eugen«. Im Hintergrund links eine Doppellafette 10,5 cm SK L/65 C33. (Foto: Archiv DMB)

Die Türme hatten an der Front (160 mm), der Decke (70 mm) und den Seiten (70 mm) eine Panzerung. Das Gewicht der Endtürme A und D betrug jeweils 249 t. Die überhöht angeordneten Türme B und C hatten ein Gewicht von je 262 t.

Neben den genannten Einheiten sollten noch zwei weitere Schiffe, die Großen Kreuzer »Lützow« und »Seydlitz«, gebaut und mit diesen Geschützen eingerüstet werden. Die »Lützow« lief zwar noch vom Stapel, wurde aber Februar 1940 im unfertigem Zustand an die Sowjetunion verkauft, die damit auch die beiden schon eingebauten Geschütztürme erhielt.

Das Schiff, nun mit dem Namen »Petropavlovsk«, wurde zwar zunächst mit deutscher Unterstützung weitergebaut, jedoch nicht fertiggestellt. Als stationäre Batterie kam es mit seinen beiden Geschützen bei der Verteidigung von Leningrad gegen deutsche Truppen zum Einsatz. Der Bau der »Seydlitz« wurde zunächst kriegsbedingt eingestellt, obwohl das Schiff im Mai 1942 schon zu 90 % fertig gestellt war. Dann gab es Pläne zum Umbau in einen Flugzeugträger, was dann aber auch nicht umgesetzt wurde. Ihre schon vorhandenen vier Zwillingstürme kamen als Küstenartillerie an die Kanalküste nach Frankreich.

Weitere noch bei der Marine vorhandene 20,3-cm-Geschütze kamen nach Übergabe beim Heer als Eisenbahngeschütze zum Einsatz. Sie waren leicht modifiziert und führten die Bezeichnung 20,3 cm SK L/60 C34 (E). Wegen Problemen bei der Versorgung mit Munition wurden sie zentriert hinter dem Atlantikwall zur Küstenverteidigung bei Brest und Cherbourg eingesetzt.

(*) zitiert nach: Whitley, Deutsche Kreuzer im Zweiten Weltkrieg, Stuttgart, 1988, Seite 68

Die beiden achteren Zwillingstürme 20,3 cm SK L/60 C34 sind auf dem Schweren Kreuzer »Prinz Eugen« nach Backbord ausgerichtet. (Foto: BfZG)

Ein Zwillingsturm 20,3 cm SK L60 C34 auf dem Schweren Kreuzer »Prinz Eugen«. (Foto: BfZG)

Die beiden achteren Zwillingstürme 20,3 cm SK L/60 C34 auf dem Schweren Kreuzer »Prinz Eugen«. (Foto: BfZG)

Die als Kriegsbeute unter amerikanischer Flagge fahrende »Prinz Eugen« feuert im Februar 1946 aus ihren vorderen Türmen. (Foto: US Navy)

Der Schwere Kreuzer »Prinz Eugen« unter amerikanischer Flagge in einer Schleuse des Panama-Kanals. Das Foto wurde im März 1946 aufgenommen, als der Kreuzer in den Pazifik verlegte, um als Zielschiff bei Atombombenversuchen verwendet zu werden. (Foto: Archiv Autor)

28-cm-Geschütze

In unterschiedlichen Planungsstudien zum Bau der Panzerschiffe der »Deutschland«-Klasse war die Einrüstung von 38 cm-, 30,5 cm-, 28 cm- und 21-cm-Geschützen untersucht worden, wobei dann das Geschütz 28 cm SK L/52 C28 ausgewählt wurde. Geschütze des Kalibers 28 cm waren schon in der Kaiserlichen Marine eine Standardwaffe und gehörten als schwere Artillerie zur Bewaffnung einiger Linienschiffs-Klassen und der Schlachtkreuzer. Die kontinuierlich weiterentwickelte Waffe sollte als Drillingsturm eingebaut werden. Dies war in der deutschen Marine für die schwere Artillerie genauso ein Novum, wie bei den 15-cm-Geschützen der Leichten Kreuzer.

»Die Entwicklung blieb bis 1945 eines der bestgehüteten Geheimnisse überhaupt. Normalerweise gelten und galten Dril-

Bezeichnung	28 cm SK L/52 C 28	28 cm SK L/54,5 C34
Kaliber (mm)	283	283
Rohrlänge (m)	L/52 / 14,72	L/54,5 / 15,42
Rohrgewicht (t)	48,2	53,5
Geschossgewicht (kg)	300	315
v_0 (m/sec)	910	890
Schussweite (km)	42,6	42,6
Kadenz (Sch/min)	2	3
Höhenrichtbereich (°)	-8 bis +40	-8 bis +40

Das Panzerschiff »Deutschland« und ... (Foto: Archiv Autor)

... das Panzerschiff »Admiral Graf Spee« mit ihrer schweren Artillerie an 28-cm-Drillingsgeschützen. (Foto: Archiv Autor)

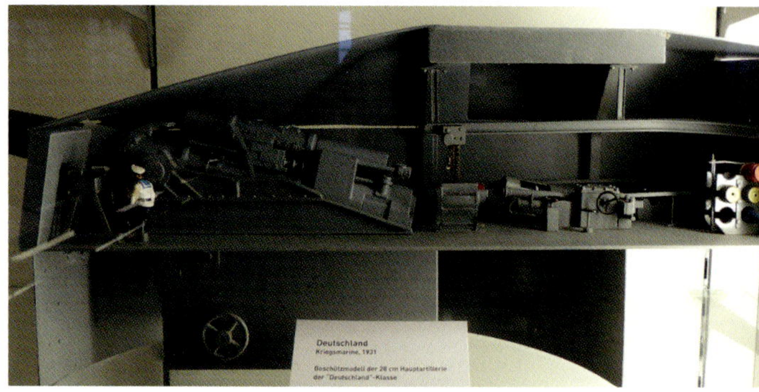

Eine Modellaufnahme des auf der »Deutschland«-Klasse eingerüsteten 28-cm-Drillingsturms. (Foto: Autor)

lingstürme stets als wenig sinnvoll, denn das mittlere Rohr konnte in geschwenkter Turmstellung nicht nachgeladen werden. Alle Marinen mussten ihre schweren Drillingstürme nach dem Schießen zum Laden in ihre Nullstellung zurückfahren, zum Teil noch bis 1945, hier war das nicht mehr notwendig.« (*) Die Rohre hatten keine gemeinsame Kupplung und konnten so im Höhenrichten einzeln bewegt werden.

Die beiden an Bord eingerüsteten Türme hatten ein Gewicht von jeweils 600 t. Sie waren an der Front (140 mm), der Decke (50 mm bis 105 mm), den Seiten (75 mm bis 80 mm) und dem Rücken (170 mm) gepanzert. Pro Turm wurde eine Bedienungsmannschaft von 50 Mann benötigt.

Die drei auf den beiden Schlachtschiffen »Scharnhorst« und »Gneisenau« eingerüsteten Geschütze 28 cm SK L/54,5 C34 in Drillingstürmen waren als Weiterentwicklungen der Geschütze der »Deutschland«-Klasse eine neue, leistungsgesteigerte Konstruktion. »Die Granaten enthielten weniger Sprengstoff und waren länger.« (**) »Die 28-cm-Geschützrohre der Türme konnten einzeln oder gekoppelt in der Höhe gerichtet werden. Sie konnten einzeln, gekoppelt oder alle drei gemeinsam schießen. Bei der Vollsalve verzögerte der Abschuss des mittleren Rohres jedoch um den Bruchteil von Sekunden, um jegliche Abweichung durch den Druck der austretenden Geschosse zu verhindern.« (**)

Auf den Schlachtschiffen hatten die Türme ein Gewicht von 750 t und waren stärker gepanzert. Die Panzerung betrug an der Front 360 mm, an der Decke und den Seiten jeweils 180 mm sowie am Rücken 350 mm. Pro Turm wurde eine Turmbesatzung von 75 Mann benötigt. Das Schlachtschiff »Scharnhorst« ging im Dezember 1943 im Gefecht mit britischen Seestreitkräften im Nordmeer verloren. Für die »Gneisenau« war, nach schweren Beschädigungen durch Minen und Bombentreffer, ab Mitte 1942 eine Umbau- und Umrüstungsmaßnahme vorgesehen, die zwar begonnen, aber dann wieder eingestellt wurde. Unter anderem sollte das Schiff drei 38-cm-Doppeltürme erhalten. Die ausgebauten 28-cm-Geschütze kamen in Norwegen in Küstenbatterien zu einer neuen Aufstellung und Verwendung. Ein Kuriosum am Rande: Planungen im Jahre 1942 sahen unter der Projektbezeichnung »P-1000 Ratte« ein überschweres Panzerfahrzeug vor, das bei 39 m Länge und 14 m Breite ein Gewicht

Der achtere 28-cm-Drillingsturm auf dem Panzerschiff »Admiral Graf Spee«. (Foto: Archiv Autor)

Am vorderen Drillingsturm des Panzerschiffs »Admiral Graf Spee« wird ein Geschützrohr 28 cm SK L/54 C34 eingebaut. (Foto: Archiv DMB)

Im April 1940 erhielt der Schwere Kreuzer »Lützow«, das ehemalige Panzerschiff «Deutschland«, einen Torpedotreffer. Mit abgeknicktem Heck konnte das Schiff zur Reparatur eingeschleppt werden. (Foto: Meisinger / Bundesarchiv)

Der vordere Drillingsturm auf dem Schweren Kreuzer »Lützow«. Die Umklassifizierung und Namensänderung erhielt das Panzerschiff »Deutschland« im Februar 1940. (Foto: Archiv DMB)

Schlachtschiff »Gneisenau«. (Foto: Klein / Bundesarchiv)

von 650 t haben sollte. Zwei Schiffsdieselmotoren waren als Antrieb für dieses Kettenmonstrum vorgesehen. Als Bewaffnung sollten zwei Geschütze 28 cm SK L/54,5 C34 eingebaut werden. Das hätte sogar den projektierten und mit zwei Prototypen auch tatsächlich gebauten Riesenpanzer »Maus«, der »nur« 190 t wog, noch bei weitem übertroffen. Anfang 1943 wurde das Projekt wieder eingestellt, da dann doch keine Verwendung für ein solches Kampffahrzeug zu sehen war.

(*) zitiert nach: Koop / Schmolke, Die Panzerschiffe der »Deutschland«-Klasse, Bonn, 1993, Seite 18
(**) zitiert nach: Koop / Schmolke, Die Schlachtschiffe der »Scharnhorst«-Klasse, Bonn, 1991, Seite 15

Die beiden vorderen Drillingstürme des Schlachtschiffes »Scharnhorst«. (Fotos: Archiv Autor)

38-cm-Geschütz

Die Schlachtschiffe »Bismarck« und »Tirpitz« stellen zweifellos den Höhenpunkt, aber gleichzeitig auch das Ende des deutschen Schlachtschiffbaus sowie der deutschen Artillerieentwicklung dar. Die beiden 50.000-t-Giganten entstanden bei der Hamburger Werft Blohm+ Voss und auf der Kriegsmarinewerft in Wilhelmshaven. Sie setzten am 24. August 1940 und am 25. Februar 1941 Flagge und Wimpel. Acht Geschütze 38 cm SK L/47 C34 in Zwillingstürmen waren auf ihnen eingerüstet. Damit war man, von der Kalibergröße her betrachtet, wieder bei den letzten Linienschiffen der Kaiserlichen Marine, der »Bayern«-Klasse, angekommen, allerdings auf einem technisch wesentlich besseren Stand.

Das Schlachtschiff »Bismarck« im Werden auf der Helling bei Blohm+Voss. Deutlich zu erkennen sind die Barbetten für die beiden vorderen Türme. (Foto: Archiv B+V)

»Die Türme waren stark gepanzert und hatten tief in das Innenschiff ragende Unterbauten. Unter ihnen – in die Zitadelle einbezogen – befanden sich die Munitionskammern und Pulvermagazine; diese waren aus Sicherheitsgründen räumlich voneinander getrennt. Über Umladekammern gelangten die Geschosse und die Kartuschen mit mechanischen Aufzügen in den Turm vor die Rohre. Die Transportwege waren so ausgelegt und gesichert, dass ein durch einen Treffer oder Unglücksfall ausgelöster Brand nicht stichflammartig nach unten durchschlagen konnte. Das Einführen der in Metallhülsen befindlichen, im Durchmesser 420 mm messenden Vor- und Hauptkartuschen erfolgte ebenso wie bei Geschossen durch einen hydraulisch arbeitenden Ansetzer. Jeder Turm – mit Ausnahme des vorderen – verfügte über ein eigenes 10,5-m-Langbasis-Entfernungsmessgerät als Ausfallreserve. Das Schwenken erfolgte elektrisch, während die Rohre hydraulisch gehoben und gesenkt wurden.« (*)

Das Gewicht eines Turms belief sich auf 1064 t. Die starke Panzerung der Türme war je nach Lage am Turm unterschiedlich ausgelegt und betrug an der Front 360 mm, der Decke 130 mm bis 180 mm, den Seiten 220 mm und dem Rücken 320 mm.

Während des Krieges begann man noch mit der Umrüstung des Schlachtschiffes »Gneisenau« auf eine 38-cm-Bewaffnung, die dann aber abgebrochen wurde. Bereits gefertigte 38-cm-Geschütze fanden im Atlantikwall als Küstenbatterien weitere Verwendung.

(*) zitiert nach: Breyer, Die Schlachtschiffe der »Bismarck«-Klasse, Wölfersheim-Berstadt, 1995, Seite 24

Bezeichnung	**38 cm SK L/47 C34**
Kaliber (mm)	380
Rohrlänge (m)	L/47 / 17,86
Rohrgewicht (t)	111
Geschossgewicht (kg)	800
v_0 (m/sec)	820
Schussweite (km)	36,2
Kadenz (Sch/min)	2
Seitenrichtbereich (°)	-8 bis +35
Höhenrichtbereich (°)	-5 bis +30 (Türme), -5 bis +22 (Kasematten)

Das Schlachtschiff »Bismarck« mit seinen mächtigen 38-cm-Zwillingstürmen an der Ausrüstungspier bei Blohm+Voss. (Foto: Archiv B+V)

Turm Bruno, zweiter Turm von vorn, des Schlachtschiffes »Bismarck« noch während der Bauzeit bei Blohm+Voss. (Foto: Archiv B+V)

Das Vorschiff des Schlachtschiffes »Bismarck« noch während der Bauzeit bei Blohm+Voss. (Foto: Archiv B+V)

Die beiden achteren Zwillingstürme des Schlachtschiffes »Bismarck«. (Foto: Archiv B+V)

Turm Anton, der vorderste Turm der Schweren Artillerie des Schlachtschiffes »Bismarck«. (Foto: Bundesarchiv)

Eine 38-cm-Granate als museales Ausstellungsstück. (Foto: Autor)

Der achtere 38-cm-Turm des Schlachtschiffes »Tirpitz« in Aktion. (Foto: BfZG)

Der achtere 38-cm-Turm des Schlachtschiffes »Tirpitz« eröffnet das Feuer. (Foto: BfZG)

40,6-cm-Geschütz

Als Nachfolger der »Bismarck«-Klasse wurden am 15. Juli 1939 und am 15. August 1939 zwei neue 62.000-t-Schlachtschiffe, die Schlachtschiffe »H« und »J«, auf Kiel gelegt. Die

Bezeichnung	40,6 cm SK L/47 C34
Kaliber (mm)	406
Rohrlänge (m)	L/47 / 19,08
Rohrgewicht (t)	159,9
Geschossgewicht (kg)	1030
v_0 (m/sec)	810
Schussweite (km)	36,8
Kadenz (Sch/min)	2
Seitenrichtbereich (°)	-6,5 bis +30
Höhenrichtbereich (°)	-5 bis +30 (Türme), -5 bis +22 (Kasematten)

Bauzeit währte jedoch nicht lange. Bereits am 30. September 1939 erging der Baustopp, da abzusehen war, dass die beiden Schlachtschiffe im Krieg nicht mehr zum Einsatz kommen konnten. Ab 1942 erfolgte auf den Helgen der Abbruch, denn das Material wurde kriegsbedingt für andere Zwecke dringend benötigt.
Als Hauptbewaffnung waren auf den Schiffen acht Geschütze 40,6 cm SK L/47 C34 in vier Zwillingstürmen vorgesehen. Ein solcher Turm hätte 1452 t gewogen und wäre mit einer Panzerung an der Front (385 mm), der Decke (130 mm) und den Seiten (240 mm) versehen worden. Durch den frühen Baustopp bedingt, sind jedoch nur wenige Geschütze noch fertiggestellt worden, aber keine Türme. Die Geschütze kamen dann als Küstenbatterien im Atlantikwall in Frankreich und Norwegen zum Einsatz.

Eine 40-cm-Kartusche als Museumsexponat. Die ebenfalls auf dem Bild zu sehende 38-cm-Granate wirkt daneben fast wie ein »Leichtgewicht«, schon gar nicht zu reden von den »Winzlingen« der daneben stehenden Munition kleinerer Kaliber. (Foto: Autor)

Küstenartillerie

15-cm-Geschütze

Die alliierte Luftherrschaft über den französischen Häfen zwang die Kriegsmarine ihre in Brest liegenden schweren Einheiten abzuziehen. In einer unter großer Geheimhaltung vorbereiteten und dann anschließend viel beachteten Aktion gelang mit dem Unternehmen Cerberus den Schlachtschiffen »Scharnhorst« und »Gneisenau« sowie dem Schweren Kreuzer »Prinz Eugen« Anfang Februar 1942 der Durchbruch durch den Englischen Kanal und die Rückkehr in heimatliche Gewässer. Die »Gneisenau« erhielt auf diesem Marsch einen Minentreffer, der jedoch keine schwerwiegende Folgen hatte. Das Schiff konnte seinen Marsch fortsetzen, nach Kiel weiterlaufen und dort zur Reparatur eindocken. Bei einem britischen Luftangriff Ende Februar auf die Stadt wurde das Schlachtschiff ebenfalls stark in Mitleidenschaft gezogen. Eine Bombe traf das Vorschiff, durchschlug mehrere Decks und detonierte im Schiffsinneren. In Folge dieses Treffers geriet das Vorschiff in Brand. Das rechtzeitige Fluten der Munitionskammern verhinderte die Explosion der dort lagernden Munition und damit möglicherweise die des ganzen Schiffes. Mit eigener Kraft verlegte die »Gneisenau« einige Wochen später nach Gotenhafen (heute Gdingen). Dort sollten die notwendigen und jetzt sehr umfangreichen Reparaturen erfolgen. Außerdem wurde beschlossen das Schiff umzubauen und mit einer neuen Hauptbewaffnung von acht 38-cm-Geschützen in vier Zwillingstürmen auszurüsten. Die Arbeiten kamen aber zunächst nur zögerlich voran. Im Januar 1943 kam es als Folge von Hitlers Weisung die schweren Überwassereinheiten zu desarmieren und außer Dienst zu stellen zur gänzlichen Einstellung der Reparatur- und Umbauarbeiten. Die Geschütze wurden ausgebaut und in Küstenstellungen neu installiert. Das Schiff selbst wurde im März 1945 als Blockschiff vor der Hafeneinfahrt durch Sprengung versenkt und nach dem Krieg abgebrochen.

Bezeichnung	**15 cm SK L/55 C28**
Kaliber (mm)	150
Rohrlänge (m)	L/55 / 8,25
Rohrgewicht (t)	9,026
Geschossgewicht (kg)	45
v_0 (m/sec)	875
Schussweite (km)	25,7
Kadenz (Sch/min)	6 bis 8

Zwei der insgesamt vier 15-cm-Zwillingstürme des Schlachtschiffes kamen als Batterie Gneisenau an der Nordwestspit-

Einer der beiden 15-cm-Zwillingstürme des Schlachtschiffes »Gneisenau« als Museumsexponat in Stevnsfort. (Foto: Wartourist)

Ein 15-cm-Geschütz in der Museumsanlage Langelandsfort. (Foto: Wartourist)

Das 15-cm-Munitionslager im Langelandsfort. (Foto: Wartourist)

ze der nur wenige Kilometer vor der dänischen Westküste gelegenen Insel Fanö als Küstenbatterie in eine neue Nutzung. Sie waren gegen Ende 1944 einsatzbereit. Mit rund 26 km Reichweite und einer Schussfolge von sechs Schuss pro Minute waren die 15-cm-Geschütze für die vorgesehenen neuen Aufgaben ideal geeignet.

Mit der Befestigungsanlage auf Fanö sollte der Hafen von Esbjerg geschützt werden. Als einziger Tiefwasserhafen an der Westküste Dänemarks war er besonders für eine Anlandung prädestiniert und wäre dann idealer Ausgangspunkt geworden für einen Durchstoß bis zu den dänischen Meerengen. In Folge wären dann die deutschen Seestreitkräfte in der Ostsee blockiert gewesen. Entsprechend stark waren daher auch die Verteidigungsanlagen ausgelegt. Etwa 230 Bunker für die Stellungsbereiche von weiteren Geschützen kleineren Kalibers zur See- und Luftzielbekämpfung, Flugabwehrgeschützen, Feuerleitständen und Funkmessgeräte für die Früherkennung sowie Munitionslager und Mannschaftsunterkünfte wurden auf der Insel errichtet. Schätzungsweise 2500 Soldaten waren während des Krieges auf Fanö stationiert.

Nach dem Zweiten Weltkrieg verloren die beiden Türme an Bedeutung. Der beginnende Kalte Krieg setzte neue Maßstäbe und das sowohl im Allgemeinen wie auch für die Ostseezugänge im Besonderen.

Zum Schutz des Öresundes baute Dänemark mit Unterstützung durch die NATO an der Südostspitze der Insel Seeland am Südausgang des Sundes eine größere Verteidigungsanlage, das atombombensichere Stevnsfort. Hier haben 1952 die beiden 15-cm-Geschütze der »Gneisenau« von Fanö ihren neuen Platz und weitere Verwendung als Teil der dänischen Küstenartillerie gefunden. Bis in die 1970er Jahre waren sie einsatzbereit und wechselten anschließend in den Reservestatus, der bis in die 1990er Jahre bestehen blieb. Heute ist die Verteidigungsanlage ein Museum.

Die beiden anderen 15-cm-Zwillingstürme des Schlachtschiffes »Gneisenau« sollten in Holland in der Nähe von Den Helder als Küstenstellung installiert werden. Ende 1944 waren die Bettungen für die Aufstellung im Bau. Ob es noch zu einer Aufstellung und Herstellung der Betriebsbereitschaft gekommen ist, lässt sich allerdings nicht sagen.

Die beiden Gneisenau-Geschütze in Fanö bzw. in Stevnsfort waren nicht die einzigen Geschütze dieses Typs in deutschen Befestigungsanlagen in Dänemark. Ein im Jahre 1953 am Südausgang des Großen Belts auf der Insel Langeland gebautes Fort hatte im Kalten Krieg ebenfalls große Bedeutung für die Sicherung der Ostseezugänge.

So wie Stevnsfort den Öresund abdeckte, so war mit Langelandsfort der Große Belt unter Kontrolle. Damit war die Überwachung und der militärische Schutz beider Schifffahrtswege sicher gestellt.

Langelandsfort war bis 1993 als militärische Anlage aktiv in die Verteidigungsstruktur der NATO eingebunden und ist heute ein Museum. Ausgestellt sind unter anderem 15-cm-Geschütze des gleichen Typs wie er auch auf der »Gneisenau« vorhanden war. Sie kamen 1944 / 1945 als Teil einer Geschützlieferung für deutsche Stellungen nach Dänemark. Nach Kriegsende übernahm die dänische Marine diese Geschütze in ihren Bestand. Zum Teil kam es zeitweise zu neuen Aufstellungen als Küstenbatterie und zum Teil zur Einlagerung in Depots.

Zwei Geschütze aus diesem Fundus wurden 1963 – also mitten in einer sehr heißen Phase des Kalten Krieges, man denke nur an die Kuba-Krise – im Langelandsfort neu aufgestellt, wo sie bis zu seiner Schließung blieben. In der Vergangenheit wurde häufig kolportiert, dass es sich hierbei um zwei 15-cm-Einzellafetten des Schlachtschiffes »Gneisenau« handele. Dies ist aber nachweislich nicht der Fall. Es gibt glaubhafte Hinweise, dass die Gneisenau-Geschütze in Einzellafette noch gegen Ende des Krieges auf Wangerooge als Küstenbatterie aufgestellt und nach dem Krieg verschrottet wurden.

20,3-cm-Geschütze

Bezeichnung	20,3 cm SK L/60 C34
Kaliber (mm)	203
Rohrlänge (m)	L/60 / 12,18
Rohrgewicht (t)	20,7
Geschossgewicht (kg)	122
v_0 (m/sec)	925
Schussweite (km)	36
Kadenz (Sch/min)	4

Der Schwere Kreuzer »Seydlitz« war das fünfte Schiff der »Admiral Hipper«-Klasse. Am 29. Dezember 1936 in Bremen auf Kiel gelegt und am 19. Januar 1939 vom Stapel gelaufen, war das Schiff bei Kriegsbeginn noch in einem unfertigen Zustand. Der Baufortschritt ging kriegsbedingt schleppend voran. Im Mai / Juni 1942 wurde die Umplanung in einen Flugzeugträger geprüft. Die Marine hielt ein solches Unterfangen für wenig sinnvoll, denn dazu wären in großem Umfang wieder Teile zu demontieren gewesen, um Platz für das Flugdeck und die Flugeinrichtungen zu schaffen. Außerdem war der Neubau mittlerweile zu 90 % fertig und der Zulauf war abzusehen. Dennoch: Im August 1942 kam definitiv von ganz oben der Umbaubefehl.

Die schon eingerüstete schwere Artillerie kam wieder von Bord und bei den Aufbauten begannen die Rückbauarbeiten. Doch schon bald wurde wieder alles eingestellt. Schließlich wurde der unfertige Kreuzer nach Königsberg geschleppt, um ihn aus dem Gefahrenbereich der alliierten Bomberflotten zu bringen. Im Januar 1943 erfolgte dann der endgültige Baustopp, der zurückzuführen ist auf Hitlers Weisung zur Außerdienststellung der großen Überwassereinheiten. Vor dem Einrücken der Roten Armee wurde die »Seydlitz« im April 1945 gesprengt.

Für die schwere Artillerie der »Seydlitz« begannen indessen ab Dezember 1942 die Vorbereitungen für die Weiterverwendung als Küstenartillerie. Sie sollten zur Absicherung der Küstengewässer und von Küstenabschnitten in Frankreich herangezogen werden. Zum einen befürchtete man generell britische Landungsversuche - der Angriff auf die Schleuse

Die achteren Zwillingstürme 20,3 cm SK L/60 C34 auf dem Schweren Kreuzer »Prinz Eugen«. Solche Türme von dem nicht fertiggebauten Schweren Kreuzer »Seydlitz« kamen in Frankreich im Atlantikwall in Verwendung. (Foto: Archiv DMB)

Graz

Ein getarntes Geschütz 28 cm SK L/45 aus der Kaiserlichen Marine in der Batterie Husoya in Norwegen. (Foto: Faßhauer / Bundesarchiv)

von St. Nazaire im März 1942 bot hierzu reichlich genug Anlass - und zum anderen galt es die mittlerweile in Frankreich gebauten U-Bootstützpunkte und U-Bootbunker stärker zu sichern. Auch diese wurden als primäres Angriffsziel des Kriegsgegners eingestuft.

Die beiden 20,3-cm-Zwillingstürme B und C kamen als Batterie Seydlitz auf die Insel Ile de Groix vor Lorient. Die Batterie wurde in das Stützpunktsystem der Insel integriert, wo bisher nur erbeutete französische Feldgeschütze älterer Bauart zur Verfügung standen. Die Türme befanden sich auf dreistöckigen Betonbauten, in deren unteren Stockwerken die Munitionsräume und die Räume für die Energieerzeugung untergebracht waren. Weiterhin gehörte ein eigener zweistöckiger Feuerleitstand zur Batterie.

Die beiden anderen Türme der »Seydlitz«, Turm A und Turm D, gelangten auf die Insel Ile de Ré vor La Pallice, wo sie als Batterie Karola in das Verteidigungssystem der Insel eingegliedert wurden. Zusammen mit der Heeresbatterie Kora bildeten sie den artilleristischen Kern der Verteidigung von La Pallice. Kora war mit ehemaligen französischen 22-cm-Feldgeschützen bewaffnet und in offenen Bettungen aufgestellt. Die Marine-Geschütze standen wie auf der Ile de Groix wieder auf Betonbauwerken, die zudem auch noch den Bedienungsmannschaften als Unterkunft dienten. Auch hier gehörte ein eigener Feuerleitstand zur Batterie.

Weiterhin waren auf beiden Inseln zusätzlich noch leichte Marine- und Heeresartillerie zur See- und insbesondere zur Luftzielbekämpfung in verbunkerten Stellungen stationiert. Nach dem Krieg wurden die Anlagen fast vollständig demontiert und die Geschütze verschrottet.

Linke Seite: Die vorderen 20,3-cm-Zwillingstürme des Schweren Kreuzers »Prinz Eugen«. Solche Türme waren während der Bauzeit auf dem Schwesterschiff »Seydlitz« schon eingerüstet, kamen dann nach dem Baustopp von Bord und wurden anschließend in Frankreich in den Atlantikwall integriert. (Foto: Archiv DMB)

28-cm-Geschütze

Bei einem Luftangriff auf Kiel Ende Februar 1942 hatte auch das dort liegende Schlachtschiff »Gneisenau« durch einen Bombentreffer schwere Beschädigungen erlitten. Ein davon herrührender Großbrand im Vorschiff ließ den Turm A vollkommen ausglühen und unbrauchbar werden. Die umfangreichen Reparaturen sollten für das Schiff in Gotenhafen (heute Gdingen) durchgeführt werden. Bei dieser Gelegenheit beschloss man auch, die schwere Artillerie auf drei 38-cm-Zwillingstürme umzurüsten wie sie auch schon auf den Schlachtschiffen »Bismarck« und »Tirpitz« zum Einbau gekommen waren. Das war schon in der Vorkriegszeit Wunsch der Marine, konnte aber aus politischen Gründen nicht realisiert werden. Zu der Reparatur wie auch zu dieser Nachrüstung ist es jedoch als Folge von Hitlers Weisung zur

Bezeichnung	28 cm SK L/45	28 cm SK L/54,5 C34
Kaliber (mm)	283	283
Rohrlänge (m)	L/45 / 12,74	L/54,5 / 15,42
Rohrgewicht (t)	39,8	53,5
Geschossgewicht (kg)	300	315
v0 (m/sec)	875	890
Schussweite (km)	18,9	42,6
Kadenz (Sch/min)	1,5	3,0
Batterie	Husoya	Fjell und Oerlandet

Ein 28-cm-Rohr des Schlachtschiffes »Gneisenau« wird in Norwegen entladen. (Foto: Archiv Autor)

Eine Aufnahme der Batterie Fjell aus dem Jahre 1963 und ... (Foto: Helland / CC-BY- SA 3.0)

... aus dem Jahr 2007. Die Bedachung über dem ehemaligen Standort des Geschützturms soll das Eindringen von Regenwasser in das Stollensystem verhindern. (Foto: Skrede / CC-BY- SA 3.0)

Außerdienststellung der Großkampfschiffe nicht mehr gekommen. Die vorhandenen 28-cm-Geschütze fanden jedoch weitere Verwendung in der Küstenverteidigung.
»Alle drei 28-cm-Türme der »Gneisenau« wurden 1942 im damaligen Gotenhafen ausgebaut. Von ihnen war der ausgeglühte Turm A bestenfalls noch als Schrott verwertbar. Für die beiden anderen Türme erging die Weisung, sie in die Küstenverteidigung Norwegens einzugliedern. Für beide wurden in felsigem Gelände Bunkerstellungen geschaffen, in die sie so eingebaut wurden, dass sie auf ihnen um 360° schwenken konnten. Die Türme erhielten einen zusätzlichen 120 mm dicken Horizontalschutz, ihre E-Meßgeräte wurden ausgebaut, die Hauben entfernt und ihre Öffnungen dichtgesetzt. Mit ihrer Schussweite von mehr als 42 km sollten sie die Zufahrten zu wichtigen Häfen verteidigen.« (*)
Die Suche nach geeigneten Standorten und die Planungen für den Aufbau der Batterien hatten bereits im Herbst 1942 begonnen. Danach waren zur Aufnahme des Geschützunterbaus, der Stromversorgung und der Munitionslagerung umfangreiche Stollensysteme in die Felsen zu bohren und zu sprengen. Auch die Unterkünfte für die Bedienungsmannschaft waren in dieses Bunker- und Stollensystem integriert. Für die Feuerleitung waren in einigen Kilometer Entfernung zum Geschützstandort zusätzliche Bunkerbauten notwendig, um Entfernungsmesser und Zielsäulen, aber auch Funkmessgeräte und Kommandozentrale aufzunehmen.
Der Turm B kam als Batterie Fjell auf der Insel Sotra bei Bergen zur Aufstellung und Turm C fand als Batterie Oerlandet auf der gleichnamigen Halbinsel bei Trondheim seinen neuen Standort. Die Batterie Oerlandet war im Juli 1943 einsatzbereit, für die Batterie Fjell war dies im Herbst 1943 der Fall.
Die Batterien Fjell und Oerlandet gehörten mit ihren weiteren Anlagen in der örtlichen Umgebung zu den umfangreichen Sicherungseinrichtungen für die Häfen Bergen bzw. Trondheim, welche als U-Bootstützpunkte genutzt wurden und daher von kriegswichtiger Bedeutung waren. Neben den genannten schweren Geschützen der »Gneisenau« waren sie zusätzlich noch mit erbeuteten großkalibrigen norwegischen Geschützen und mit Flugabwehrgeschützen ausgerüstet. Beide Batterien kamen während des Zweiten Weltkriegs jedoch nicht zum Einsatz.
Nach Kriegsende übernahm die norwegische Marine die beiden Anlagen und gliederte sie in die norwegische Küstenverteidigung ein. In den 1970er Jahren erfolgte die Stillle-

Der Turm Caesar des Schlachtschiffes »Gneisenau« in der ehemaligen Batterie Oerlandet als Museumsexponat. (Foto: Brattas / CC-BY-SA 3.0)

Die drei Bilder zeigen dern Turm Caesar des Schlachtschiffes »Gneisenau« in der ehemaligen Batterie Oerlandet als heutiges Museumsexponat. (Foto: yetdark / CC-BY-SA 2.0)

gung. Die Batterien waren zu aufwendig in der Unterhaltung, zu personalintensiv in der Bedienung und auch waffentechnisch nicht mehr zeitgemäß. Während der Turm B in Fjell abgebaut und verschrottet wurde, blieb der Turm C in Oerlandet der Nachwelt erhalten. Zunächst nur technisch in Stand gehalten, dann von der Marine nochmals renoviert, wurde er der örtlichen Gemeinde zu musealen Zwecken und als touristische Attraktion übergeben. Er ist weitestgehend im Originalzustand erhalten geblieben.

Der Trondheim-Fjord war auch auf der vorgelagerten Insel Husoya durch eine weitere 28-cm-Geschützstellung, der Batterie Husoya, gesichert. Die hier installierten drei Geschütze stammten noch aus der Kaiserlichen Marine und waren seiner Zeit für die Linienschiffe bestimmt.

Wie sich 1942 nach näherer Untersuchung herausstellte, ließen sich die drei 28-cm-Geschütze des ausgebrannten Turmes A der »Gneisenau« noch reparieren. Sie kamen nach

Rechte Seite: Eine Innenaufnahme des Museumsexponats Turm Caesar. (Foto: yetdark / CC-BY-SA 2.0)

Ein 28-cm-Geschütz der Batterie Husoya, das noch aus der Kaiserlichen Marine stammte. (Foto: Ehlert / Bundesarchiv)

Munitionslager einer Küstenbatterie mit 28-cm-Granaten. (Foto: Ehlert / Bundesarchiv)

Instandsetzung in schwach gepanzerten Einzeltürmen und in offenen Betonbettungen als Batterie Rozenburg bei Hoek van Holland zur Aufstellung. Rozenburg war eine der beiden einzigen in den Niederlanden vorhandenen Küstenbatterien mit großkalibrigen Geschützen. Die Batterie sollte den Zugang zum Hafen von Rotterdam schützen.

(*) zitiert nach: Breyer, Die Schlachtschiffe der »Scharnhorst«-Klasse, Friedberg, 1993, Seite 29

38-cm-Geschütze

Mit den Linienschiffen der »Bayern«-Klasse erhielt die Kaiserliche Marine zum ersten Mal ein Schiffsgeschütz mit dem Kaliber von 38 cm. Erst nach Beseitigung der durch den Versailler Vertrag gegebenen Rüstungseinschränkung, die als Höchstgrenze 28-cm-Geschütze erlaubte, konnte nach dem mit England 1935 abgeschlossenen Londoner Flottenabkommens dieses Kaliber wieder auf deutschen Kriegsschiffen verwendet werden. Bei den Schlachtschiffen »Bismarck« und »Tirpitz« kam es dann erstmals zu einer Einrüstung. Außerdem waren 38-cm-Geschütze auch als Hauptbewaffnung für die projektierten Schlachtkreuzer »O«, »P« und »Q« vorgesehen. Bei der 1942 in Angriff genommenen, aber auch schnell wieder abgebrochenen Umrüstung des Schlachtschiffes »Gneisenau« sollten ebenfalls diese Geschütze eingebaut werden. Da keines dieser beiden Vorhaben zu Ende gebracht wurde und damit der ursprünglich vorgesehene Verwendungszweck bereits produzierter Geschütze entfiel, kamen diese als Küstenbatterien im Atlantikwall zur Aufstellung.

Bezeichnung	38 cm SK L/47 C34
Kaliber (mm)	380
Rohrlänge (m)	L/47 / 17,86
Rohrgewicht (t)	111
Geschossgewicht (kg)	800
v_0 (m/sec)	820
Schussweite (km)	36,2
Kadenz (Sch/min)	2

Die ersten vier 38-cm-Geschütze wurden an der Kanalküste am Cap Gris Nez gegenüber von Dover aufgestellt. Die Stellung erhielt zunächst den Namen Batterie Siegfried und wurde im März 1942 in Batterie Todt umbenannt. Dr. Fritz Todt, der im Februar bei einem Flugzeugabsturz ums Leben gekommene Gründer der gleichnamigen Organisation und Reichsminister für Bewaffnung und Munition, sollte damit für

Ein Bunker der Batterie Todt von der Landseite. (Foto: Maier / Bundesarchiv)

Ein 38-cm-Geschütz der Batterie Todt. (Foto: Maier / Bundesarchiv)

seine Verdienste im Bunker-, Brücken- und Straßenbau gewürdigt werden. Die Standortauswahl und der Bau hatten bereits 1940 begonnen. Die Batterie war im Herbst 1941 einsatzbereit.

Alle Geschütze wurden in Bettungsschießgerüsten eingebaut und mit diesen in großen Schartenbunkern aufgestellt. Die mächtigen Betonbunker sollten den Schutz sowohl vor Artilleriebeschuss wie auch gegen Bombentreffer gewährleisten. Sie waren mehrstöckig angelegt und enthielten Munitions- und Versorgungsräume. Außerdem waren in der Anlage weitere Bunkerbauten für die Unterbringung des Leitstandes und für die Unterkünfte des Bedienungspersonals sowie für die Selbstschutzeinrichtungen vorhanden.

Der ursprüngliche Verwendungszweck der Batterie Todt war die Feuerunterstützung für die beabsichtigte Landung in England, beschränkte sich aber dann auf die Kontrolle des Ärmelkanals und die Beschießung der nahe gelegenen englischen Küste.

»Die Batterie Todt konnte 1944 nicht direkt in die Bekämpfung der alliierten Landungsverbände eingreifen und wurde im September 1944 nach schweren Kämpfen von der Landseite her durch kanadische Truppen erobert. Vorher war nahezu der gesamte Munitionsvorrat durch Dauerbeschuss der britischen Küste verschossen worden. Ein Geschütz und sei-

Erinnerungsfoto eines kanadischen Soldaten nach der Einnahme der Batterie Todt. (Foto: Malindine)

Das heutige Aussehen der Batterie Todt. (Foto: Meusel)

Ein Geschütz der Batterie Vara. (Foto: Rehor / Bundesarchiv)

ne Kasematte wurde im Oktober 1944 durch eine Explosion zerstört, als ein Souvenirsammler beim Hantieren mit Munition sich selbst in die Luft sprengte.« (*)
Die drei übrigen Geschütze der Batterie Todt kamen nach dem Krieg im Austausch gegen die französischen Beutegeschütze, mit denen die Wehrmacht im Oslo-Fjord die Batterie Nötteröy angelegt hatte, nach Norwegen. In der so umgerüsteten und dann weiter von Norwegen betriebenen Batterie waren die Geschütze zunächst noch Teil der norwegischen Küstenverteidigung und wurden 1958 verschrottet.
Um eine artilleristische Wirkmöglichkeit in das Skagerrak zu haben, wurde in Südnorwegen bei Kristiansand eine Küstenbatterie mit 38-cm-Geschützen geschaffen. Die Bauarbeiten begannen Anfang 1941. Von den vier vorgesehenen

Eine Aufnahme vom heutigen Aussehen der Batterie Vara. (Foto: ZorroIII / CC-BY-SA 3.0)

Geschützen kamen allerdings auf dieser Batterie Mövik nur drei zur tatsächlichen Aufstellung. Zwei waren im Frühjahr 1942 betriebsbereit und ein drittes folgte im November mit seiner Einsatzbereitschaft. Das vierte sollte 1945 eintreffen, ging aber bei der Anlieferung durch einen Luftangriff auf das Transportschiff im Skagerrak verloren.

Die Batterie wurde bei ihrer Indienststellung in Batterie Vara umbenannt. Sie verfügte zum Selbstschutz über umfangreiche Sicherungsanlagen. Außerdem waren Funkmessgeräte vorhanden. In 1944 wurde damit begonnen die Batterie zu verbunkern, was aber vor Kriegsende nicht mehr abgeschlossen werden konnte. Auch die Batterie Vara wurde nach dem Krieg in das norwegische Küstenverteidigungssystem eingegliedert und war bis in die 1960er Jahre aktiv. Mit einem noch vorhandenem Geschütz ist sie heute ein kleines Museum.

Schon kurz nach der Besetzung Dänemarks waren im Nordwesten des Landes bei Hanstholm Geschütze mittleren Kalibers aufgebaut worden. Sie zählten zu den ersten wichtigen Befestigungsanlagen des später als Atlantikwall bezeichneten Festungsgürtels, der vom Nordkap bis an die spanisch-französische Grenze reichte. Nach ihrer Aufstellung begannen auch schon die Planungen für die Erweiterung der Stellung mit größeren Kalibern. Vorgesehen waren zuerst 40,6-cm-Geschütze. Diese befanden sich schon in der Produktion und waren eigentlich für die geplanten Schlachtschiffe »H« und »J« vorgesehen. Da deren Bau eingestellt wurde, waren die Geschütze für andere Verwendungen zwar frei, konnten aber nicht rechtzeitig angeliefert werden. Man plante deshalb auf sofort verfügbare Geschütze des Kalibers 38 cm um.

Zusammen mit der gegenüber in Norwegen gelegenen Batterie Vara war es nun mit den weitreichenden 38-cm-Geschützen beider Batterien möglich - eine kleine Lücke von wenigen Seemeilen ausgenommen - nahezu das gesamte Seegebiet an der engsten Stelle des Skagerraks artilleristisch abzudecken und damit den Schiffsverkehr unter Kontrolle zu behalten. Die Batterie Hanstholm wurde in Folge stark ausgebaut und auch landseitig gegen Angriffe gut abgesichert. Leichte, mittlere und schwere Flugabwehrgeschütze waren ebenso vorhanden wie die für die Frühwarnung so wichtigen und auf dem technisch neuesten Stand befindlichen Funkmessgeräte.

Heute ist von der ursprünglichen Anlage so gut wie nichts mehr erhalten. In einem ehemaligen Geschützbunker ist ein Museum eingerichtet, das mit Modellen und einigen Originalexponaten dennoch einen guten Eindruck von der ehemaligen Küstenbatterie Hanstholm vermittelt.

Teilaufnahmen des 38-cm-Geschützes als Museumsexponat in der Batterie Vara. (Fotos: Bjoertvedt / CC-BY-SA 3.0)

Eines der Geschützfundamente in der Batterie Vara. (Foto: Bjoertvedt / CC-BY-SA 3.0)

Mit der Batterie Vogelnest, die später in Tirpitz umbenannt wurde, sollte bei Esbjerg ebenfalls eine 38-cm-Stellung geschaffen werden, um diesen so wichtigen Hafen mit einer weit reichenden Abdeckung nach See besser zu sichern und gemeinsam mit der Festungsanlage Fanö zu schützen. Im Sommer 1944 begannen die Arbeiten für die Batterie. Geplant war die Aufstellung von zwei Zwillingstürmen sowie die zu ihrem Betrieb notwendigen Schutz-, Versorgungs-, Feuerleit- und Munitionseinrichtungen. Bei Kriegsende war die Anlage noch regelrechte Baustelle. Schon angeliefert Anlagen- und Ausrüstungsteile wurden verschrottet. In einem noch fertig gewordenen Bunker ist heute ein Museum eingerichtet. Ein einziges 38-cm-Geschütz hat ebenfalls überlebt und war lange Zeit im Zeughausmuseum in Kopenhagen ausgestellt. Seit 2005 ist dieses Rohr Exponat im Museumsgelände von Hanstholm.

(*) zitiert nach: Wittwer, Deutsche Schiffsartillerie an Land, Wölfersheim-Berstadt, 1997, Seite 16
Anmerkung: nach anderer Quelle erfolgte die unbeabsichtigte Sprengung durch Souvenirsammler im August 1945.

Das Bodenstück des 38-cm-Geschützes in der Batterie Vara. (Foto: Bjoertvedt / CC-BY-SA 3.0)

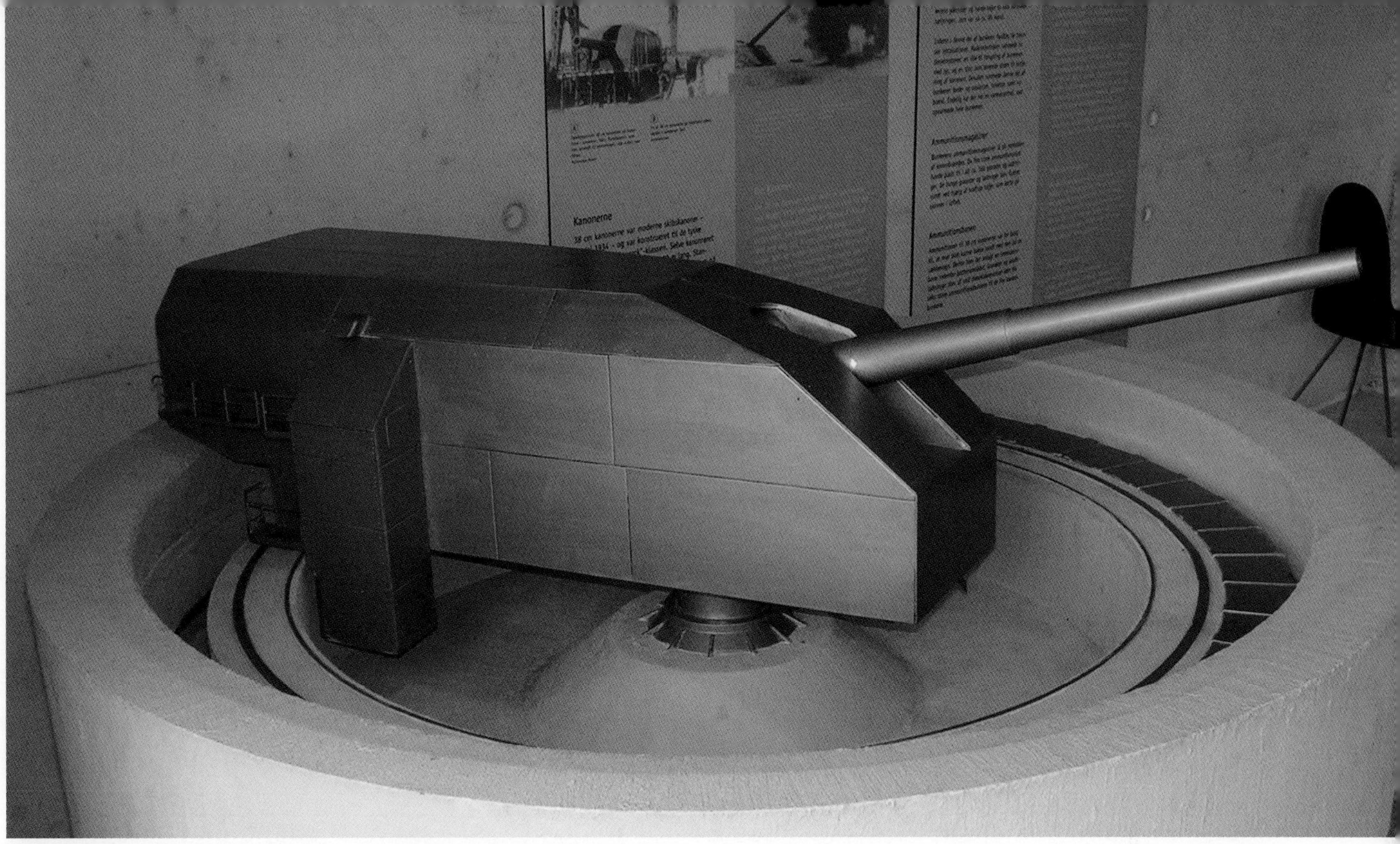

Ein im Museumsteil der ehemaligen Batterie Hanstholm ausgestelltes Geschützmodell. (Foto: Hambsch)

Die Aufnahme aus dem Jahre 1947 zeigt ein Geschützrohr aus der Batterie Hanstholm. (Foto: Lklundin / CC-BY-SA 4.0)

Die Außenanlage des Museums in der ehemaligen Batterie Hanstholm. Im Vordergrund ein 38-cm-Geschützrohr, das einmal für die Batterie Tirpitz an der dänischen Westküste bei Esbjerg vorgesehen war. (Foto: uzi)

Das 38-cm-Geschützrohr in Hanstholm in Großaufnahme. (Foto: Hambsch)

Eine 38-cm-Granate in der Laufkatze des noch erhaltenen Geschützbunkers in der Museumsanlage der ehemaligen Batterie Hanstholm. (Foto: uzi)

Ein Blick in noch vorhandene Unterkünfte in der ehemaligen Batterie Hanstholm. (Foto: uzi)

40,6-cm-Geschütz

Wenige Wochen vor Kriegsbeginn wurden am 17. Juli 1939 und am 15. August 1939 die Kiellegungen von zwei neuen Schlachtschiffen für die Kriegsmarine durchgeführt. Rund 62.000 t sollten sie nach Fertigstellung verdrängen und in vier Zwillingstürmen acht Geschütze des Kalibers 40,6 cm eingerüstet bekommen. Bereits im September wurde der Bau kriegsbedingt wieder eingestellt und anschließend die begonnenen Schlachtschiffe mit den Projektnamen »H« und »J« auf den Helgen abgebrochen.
Lediglich die beauftragten Geschütze wurden weitergebaut. Für sie war jetzt eine Verwendung an Land als Küstenbatterie

Bezeichnung	**40,6 cm SK L/47 C34**
Kaliber (mm)	406
Rohrlänge (m)	L/47 / 19,08
Rohrgewicht (t)	159,9
Geschossgewicht (kg)	1030 / 610
v_0 (m/sec)	810
Schussweite (km)	36,8 / 42,8 / 56,0
Kadenz (Sch/min)	2

Ein verbunkertes 40,6-cm-Geschütz der Batterie Lindemann. (Foto: Maier / Bundesarchiv)

Ein 40,6-cm-Geschütz der Batterie Lindmann mit angetretener Mannschaft bei der Indienststellung. (Fotos: Kuhn / Bundesarchiv)

vorgesehen. Die genaue Anzahl der hergestellten Geschütze lässt sich nicht mehr mit Sicherheit feststellen. Definitiv wurden jedoch zehn Geschütze in Küstenbatterien eingesetzt.

Auf der Halbinsel Hela waren 1940 die ersten drei Geschütze in einer Küstenbatterie einsatzbereit. Sie wurden jedoch hier wieder abgebaut, dann nach Frankreich an die Kanalküste verlegt und bildeten dort in der Nähe von Calais die Batterie Lindemann. Ebenso kamen in Nordnorwegen auf der Insel Engelöya am Ausgang des Westfjord drei Geschütze als Batterie Dietl zur Aufstellung. Die restlichen vier fanden etwas weiter nördlich als Küstenbatterie auf der Insel Hinnöya ihre weitere Verwendung. Die Stellung lag im Norden der Insel auf der dortigen Halbinsel Trondenes in der Nähe von Harstad. Die Batterie Trondenes wird auch als Batterie Theo bezeichnet.

Die Geschütze der Batterie Lindemann wurden ab Herbst 1941 zunächst nur in offenen Betonbettungen aufgebaut und waren in Panzerdrehtürmen installiert. Genau wie bei der Batterie Todt bestand auch hier der ursprüngliche Verwendungszweck in der artilleristischen Unterstützung der geplanten Landung in England, dem Unternehmen Seelöwe. Tatsächlich beschränkte sich der Einsatz der Batterie dann in der Störung des britischen Schiffsverkehrs im Ärmelkanal. Umgekehrt war sie für den Schutz des deutschen Geleitverkehrs in diesem Seegebiet ebenfalls von großer Bedeutung. Die Bedrohung aus der Luft erwies sich im Laufe der Zeit als ein immer größer werdendes Problem. Um dieser zunehmenden Gefährdung zu begegnen, wurden die Geschützstellungen verbunkert. Die Geschütze kamen in dreistöckigen Schartenbunkern zu stehen. Damit verbunden waren auch umfangreiche Absicherungs- und Schutzmaßnahmen zur Landseite. So konnten kanadische Truppen im September 1944 nur nach schweren Gefechten die Batterie Lindemann von der Landseite her erobern. Nach dem Krieg wurden die Geschütze verschrottet und die Bunkeranlagen gesprengt. Beim Bau des Eurotunnels nach Großbritannien verschwanden auch die letzten noch vorhandenen Reste der Betonbauwerke.

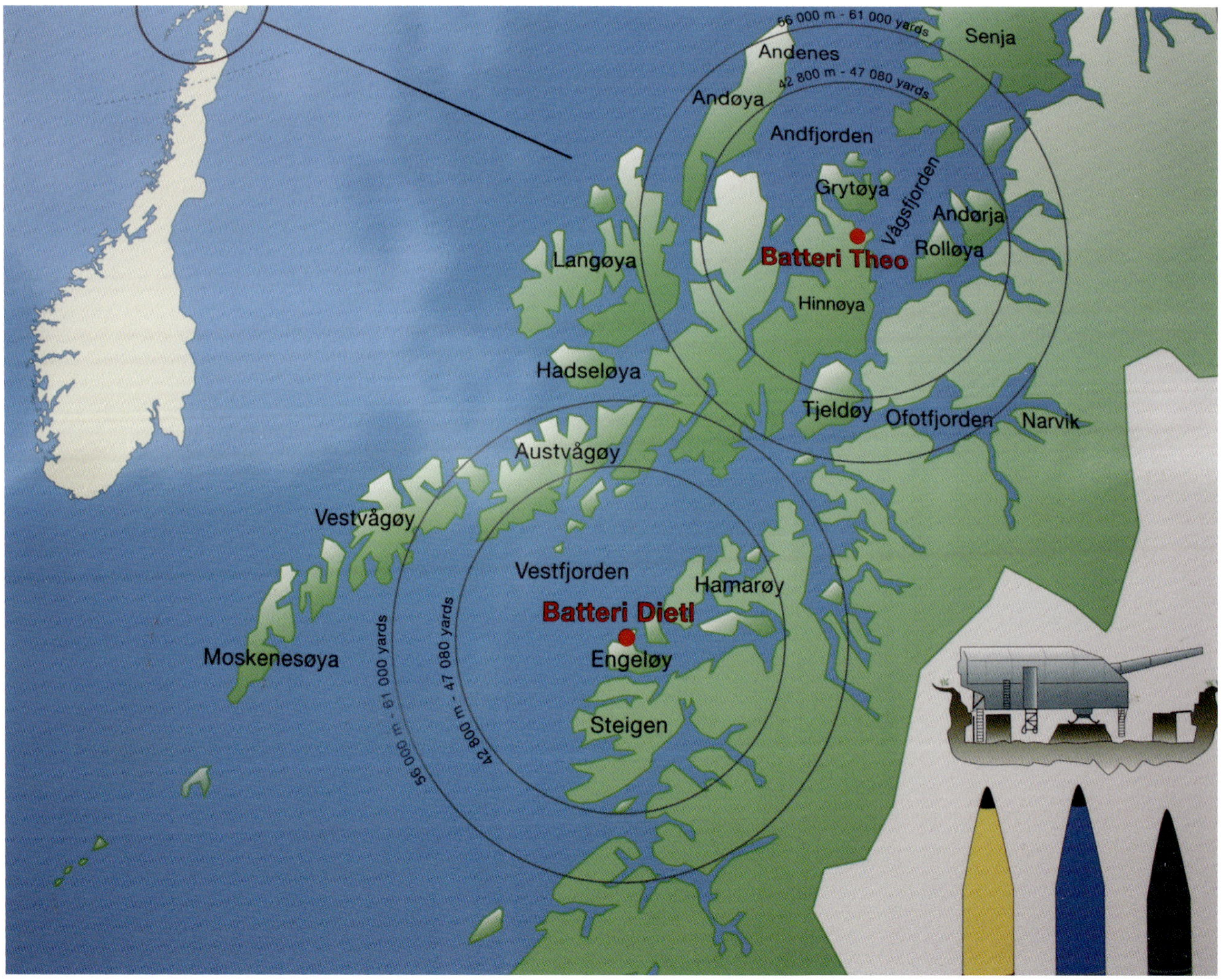

Lageplan und Bestreichungsgebiete der Batterien Theo / Trondenes und Dietl in der Zufahrt zum Erzhafen von Narvik. (Foto: Calvin / CC-BY-SA 3.0)

Ein 40,6-cm-Geschütz in Trondenes in winterlicher Umgebung. (Foto: Jaknudsen / CC-BY-SA 3.0)

In Norwegen deckten die beiden Küstenbatterien Dietl und Trondenes respektive Theo mit ihren weitreichenden 40,6-cm-Geschützen die Zufahrt zum kriegswichtigen Erzhafen Narvik ab. Genau wie anfangs die Batterie Lindemann in Frankreich wurden sie in Panzerdrehtürmen montiert und erhielten auch keine Verbunkerung. Wie bei allen großen Batterien üblich, auch hier eine Vielzahl von zusätzlichen Verbunkerungen, Versorgungseinrichtungen, Sicherungseinrichtungen, Feuerleit- und Funkmessgeräten sowie Geschütze der unterschiedlichsten Art mit kleineren Kalibern. Beide Batterien waren im August 1943 betriebs- und einsatzbereit. Sie kamen während des Krieges jedoch zu keinem Gefechtseinsatz. Weltweit waren sie die größten Küstenbatterien ihrer Art.
Im norwegischen Volksmund wurden die 40,6-cm-Geschütze in Trondenes als Adolfkanonen (norw.: Adolfkanon) bezeichnet. Ein Begriff, der auch heute noch in Gebrauch ist und auch in der Fachliteratur genutzt wird. Die offizielle deutsche Bezeichnung war hingegen 40,6 cm SK L/47 C34.
Nach Kriegsende übernahm die norwegische Armee die Batterie Trondenes. Sie war bis 1961 aktiv. Dann erfolgte die Demobilisierung der vier Geschütze. Diese wurden allerdings Ende der 1970er Jahre restauriert und sind so in dem weiter noch als Militärgelände genutzten Areal erhalten geblieben. Eines davon, der in den Originalzustand zurückversetzte Turm Barbara, kann heute in geführten Gruppen zusammen mit den Bunkeranlagen besichtigt werden. Die Batterie Dietl wurde hingegen vom norwegischen Militär nicht übernommen. Die Stahlteile und Geschütze gingen in die Verwertung als Schrott. Lediglich ein erhalten gebliebener Geschützbunker ist heute als kleines Museum eingerichtet.
Die Schussweite des 40,6-cm-Geschützes wird in der Literatur unterschiedlich angegeben. Als geplantes Schiffsgeschütz werden weitestgehend übereinstimmend Werte zwischen 36 km und 37 km bei 30° Rohrerhöhung genannt. Für die Landaufstellung hingegen ist überwiegend eine Entfernung von 42,8 km die Standardangabe. In einigen Quellen wird diese Information mit dem ergänzenden Zusatz von 52° Rohrerhöhung versehen, was dann wieder den Unterschied zur schiffsbezogenen kleineren Reichweite erklärt. Weiterhin

Das jetzt als Museumsexponat eingerichtete 40,6-cm-Geschütz in Trondenes. (Fotos: Calvin / CC-BY-SA3.0)

ist auch der Wert von 56 km für die Küstenbatterien zu finden, wobei diese Quellen in der Regel dann auch den Hinweis geben, dass hierfür Spezial-Leicht-Geschosse von »nur« 610 kg genutzt wurden.

Zwei 40,6-cm-Granaten als Exponate in Trondenes. (Foto: Orcaborealis / CC-BY-SA 3.0)

Ein Blick in die Rohrmündung. (Foto: Calvin / CC-BY-SA3.0)

Anhang

Artillerieübersicht zu den Großkampfschiffen der Kaiserlichen Marine

Typ	i. D.	Schiffe	R	S.A.	R	M.A.	R	L.A.
Kü.Pz. Sch.	1890–1896	Siegfried, Beowulf, Frithjof, Hildebrand, Heimdall, Hagen, Odin, Aegir	3	24 cm MRK L/35			8	8,8 cm SK L/30
L.Sch.	1893–1894	Brandenburg, Kurfürst Friedrich Wilhelm, Weißenburg, Wörth	2 4	28 cm MRK L/35 28 cm MRK L/40	6	10,5 cm SK L/35	8	8,8 cm SK L/30
L.Sch.	1898–1902	Kaiser Friedrich III, Kaiser Wilhelm II, Kaiser Wilhelm der Große, Kaiser Karl der Große, Kaiser Barbarossa	4	24 cm SK L/40	14	15 cm SK L/40	12	8,8 cm SK L/30
L.Sch.	1901–1902	Wittelsbach, Wettin, Zähringen, Schwaben, Mecklenburg	4	24 cm SK L/40	18	15 cm SK L/40	12	8,8 cm SK L/30
L.Sch.	1904–1906	Braunschweig, Elsass, Hessen, Preussen, Lothringen	4	28 cm SK L/40	14	17 cm SK L/40	18	8,8 cm SK L/35
L.Sch.	1906–1908	Deutschland, Hannover, Pommern, Schlesien, Schleswig-Holstein	4	28 cm SK L/40	14	17 cm SK L/40	20	8,8 cm SK L/35
L.Sch.	1909–1910	Nassau, Westfalen, Rheinland, Posen	12	28 cm SK L/45	12	15 cm SK L/45	16	8,8 cm SK L/45
L.Sch.	1909–1910	Helgoland, Ostfriesland, Thüringen, Oldenburg	12	30,5 cm SK L/50	14	15 cm SK L/45	14	8,8 cm SK L/45
L.Sch.	1911–1912	Kaiser, Friedrich der Große, Kaiserin, König Albert, Prinzregent Luitpold	10	30,5 cm SK L/50	14	15 cm SK L/45	8	8,8 cm SK L/45
L.Sch.	1913–1914	König, Großer Kurfürst, Markgraf, Kronprinz (Wilhelm)	10	30,5 cm SK L/50	14	15 cm SK L/45	8	8,8 cm SK L/45
L.Sch.	1916	Bayern, Baden, Sachsen, Württemberg	8	38 cm SK L/45	16	15 cm SK L/45	4	8,8 cm SK L/45
Schl.Krz.	1910	Von der Tann	8	28 cm SK L/45	10	15 cm SK L/45	16	8,8 cm SK L/45
Schl.Krz.	1911–1913	Moltke, Goeben, Seydlitz	10	28 cm SK L/50	12	15 cm SK L/45	12	8,8 cm SK L/45
Schl.Krz.	1914–1917	Derfflinger, Lützow, Hindenburg	8	30,5 cm SK L/50	12	15 cm SK L/45	4	8,8 cm SK L/45
Schl.Krz.	----	Mackensen, Graf Spee, Prinz Eitel Friedrich	8	35 cm SK L/45	12	15 cm SK L/45	8	8,8 cm SK L/45
Gr.Krz.	1900	Fürst Bismarck	4	24 cm SK L/40	12	15 cm SK L/40	10	8,8 cm SK L/30
Gr.Krz.	1902	Prinz Heinrich	2	24 cm SK L/40	10	15 cm SK L/40	10	8,8 cm SK L/30
Gr.Krz.	1903 1904	Friedrich Carl, Prinz Adalbert	4	21 cm SK L/40	10	15 cm SK L/40	12	8,8 cm SK L/35
Gr.Krz.	1905 1906	Yorck, Roon	4	21 cm SK L/40	10	15 cm SK L/40	14	8,8 cm SK L/35
Gr.Krz.	1907 1908	Scharnhorst, Gneisenau	8	21 cm SK L/40	6	15 cm SK L/40	18	8,8 cm SK L/35
Gr.Krz.	1909	Blücher	12	21 cm SK L/45	8	15 cm SK L/45	16	8,8 cm SK L/45

Abkürzungen:
Kü.Pz.Sch. Küstenpanzerschiff
L.Sch. Linienschiff
Schl.Krz. Schlachtkreuzer
Gr.Krz. Großer Kreuzer

i.D. in Dienst
R Anzahl der Rohre
(innerhalb der Schiffsklassen gibt es teilweise Unterschiede bei der L.A. wie auch bei der M.A.)

S.A. Schwere Artillerie
M.A. Mittlere Artillerie
L.A. Leichte Artillerie

Artillerieübersicht zu den Schlachtschiffen und Kreuzern der Reichs- und Kriegsmarine

Typ	Schiffe (i.D.)	R	S.A.	R	M.A.
Schl.Sch.	Gneisenau (1938), Scharnhorst (1939)	9	28 cm SK L/54,5 C34	12 14	15 cm SK L/55 C28 10,5 cm SK L/65 C33
Schl.Sch.	Bismarck (1940), Tirpitz (1941)	8	38 cm SK L/47 C34	12 16	15 cm SK L/55 C28 10,5 cm SK L/65 C33
Schl.Sch.	H (*), J (*)	8	40,6 cm SK L/47 C34	12 16	15 cm SK L/55 C38 10,5 cm SK L/65 C38
Pz.Sch.	Deutschland (Lützow) (1933), Admiral Scheer (1934), Admiral Graf Spee (1936)	6	28 cm SK L/52 C28	8 6	15 cm SK L/55 C28 10,5 cm SK L/65 C33
S.Krz.	Admiral Hipper (1939), Blücher (1939), Prinz Eugen (1940), Lützow (*), Seydlitz (*)	8	20,3 cm SK L/60 C34	12	10,5 cm SK L/65 C33
L.Krz.	Emden (1925)			8	15 cm SK L/45
L.Krz.	Königsberg (1929), Karlsruhe (1929), Köln (1930)			9 6	15 cm SK L/60 C25 10,5 cm SK L/65 C33 (**)
L.Krz.	Leipzig (1931), Nürnberg (1935)			9	15 cm SK L/60 C25

Abkürzungen / Anmerkungen:

Schl.Sch. Schlachtschiff
Pz.Sch. Panzerschiff
S.Krz. Schwerer Kreuzer
L.Krz. Leichter Kreuzer
i.D. in Dienst
R Anzahl der Rohre
S.A. Schwere Artillerie
M.A. Mittlere Artillerie
L.A. Leichte Artillerie

(*) Bau begonnen, aber nicht fertig gestellt,
(**) nur Karlsruhe nach Umbau an Stelle der 8,8 cm, keine Aufnahme der L.A., da diese häufig in der Anzahl, im Modell wie auch beim Kaliber wechselte

28-cm-Granaten auf einem Transportwagen im Munitionsdepot. (Foto: BfZG)

Quellennachweis

Breyer, Siegfried
Die Schlachtschiffe der BISMARCK-Klasse, Wölfersheim-Berstadt, 1995
Die Schlachtschiffe der SCHARNHORST-Klasse, Friedberg, 1993
Schlachtschiffe und Schlachtkreuzer 1905–1970, München, 1970
Schlachtschiffe und Schlachtkreuzer 1921–1997, Bonn, 2002

Faggioni, Gabriele
Der Atlantikwall, Stuttgart, 2014

Gröner, Erich
Die deutschen Kriegsschiffe 1815–1945 Band 1, Bonn, 1989
Die deutschen Kriegsschiffe 1815–1945 Band 2, Bonn, 1999
Die deutschen Kriegsschiffe 1815–1945 Band 3, Bonn, 1985

Gröner, Erich / Jung, Dieter
Die Schiffe der deutschen Kriegsmarine und Luftwaffe 1939-1945 und ihr Verbleib, Bonn, 2001

Hildebrand, Hans-H. / Röhr, Albert / Steinmetz, Hans-Otto
Die deutschen Kriegsschiffe Band 1 (1–4), Ratingen, o.J.
Die deutschen Kriegsschiffe Band 2 (5–7), Ratingen, o.J.

Israel, Ulrich / Gebauer, Jürgen
Panzerschiffe um 1900, Berlin, 1998

Jung, Dieter
Die Schiffe der Kaiserlichen Marine 1914–1918 und ihr Verbleib, Bonn, 2004

Koop, Gerhard / Schmolke, Klaus Peter
Die deutschen Zerstörer 1935–1945, Bonn, 1995
Die Großen Kreuzer KAISERIN bis BLÜCHER, Bonn, 2002
Die Leichten Kreuzer KÖNIGSBERG, KARLSRUHE, KÖLN, LEIPZIG, NÜRNBERG, Bonn, 1994
Die Linienschiffe der BAYERN-Klasse, Bonn, 1996
Die Linienschiffe der BRANDENBURG- bis DEUTSCHLAND-Klasse, Bonn, 2001
Die Panzerschiffe der DEUTSCHLAND-Klasse, Bonn, 1993
Die Schlachtschiffe der BISMARCK-Klasse, Bonn, 1990
Die Schlachtschiffe der SCHARNHORST-Klasse, Bonn, 1991
Die Schweren Kreuzer der ADMIRAL HIPPER-Klasse, Bonn, 1992
Kleine Kreuzer 1903-1918 – BREMEN- bis CÖLN-Klasse, Bonn, 2004
Von der NASSAU- zur KÖNIG-Klasse, Bonn, 1999

Mehl, Hans
Schiffs- und Küstenartillerie – Marinegeschütze aus 500 Jahren, Hamburg, 2001

Reventlow, Graf von
Die deutsche Flotte – Ihre Entwicklung und Organisation, Zweibrücken, 1901

Schmalenbach, Paul
Die Geschichte der deutschen Schiffsartillerie, Herford, 1968

Schmeelke, Michael
Alarm Küste – Deutsche Marine-, Heeres- und Luftwaffenbatterien in der Küstenverteidigung 1939–1945, Eggolsheim, o.J.

Skwiot, Miroslaw
German Naval Guns 1939–1945, Barnsley, 2011

Toeche-Mittler, Siegfried
Die deutsche Kriegsflotte 1914, Berlin, 1914

Weyer, B.
Weyers Flottentaschenbuch 1900, München, 1900
Weyers Flottentaschenbuch 1914, München, 1914
Weyers Flottentaschenbuch 1918, München, 1918

Whitley, Mike J.
Deutsche Großkampfschiffe, Stuttgart, 1997
Deutsche Kreuzer im Zweiten Weltkrieg, Stuttgart, 1988
Kreuzer im Zweiten Weltkrieg, Stuttgart, 1997
Schlachtschiffe des Zweiten Weltkriegs, Stuttgart, 2003
Zerstörer im Zweiten Weltkrieg, Stuttgart, 1991

Wittwer, Christian
Deutsche Schiffsartillerie an Land, Wölfersheim-Berstadt, 1997

Das in die Reichsmarine und anschließend auch in die Kriegsmarine übernommene Linienschiff »Schleswig-Holstein« feuert eine Breitseite. (Foto: Archiv DMB)

GERRIT REICHERT
U96
REALITÄT UND MYTHOS
U96 Realität und Mythos
Der Alte und Lothar-Günther Buchheim
Gerrit Reichert
Mittler
BESTSELLER!
JETZT IN 3. DURCHGESEHENER AUFLAGE
€(D) 29,95 / ISBN 978-3-8132-1108-5
Direkt bei uns bestellen auf koehler-mittler-shop.de
oder telefonisch unter 040 / 70 70 80 322
Mittler
mittler-books.de